BIBLIOTHÈQUE DU JARDINIER

PUBLIÉE

AVEC LE CONCOURS DU MINISTRE DE L'AGRICULTURE

CONFÉRENCES

SUR LE

JARDINAGE

ET LA CULTURE

DES ARBRES FRUITIERS

PAR

P. JOIGNEAUX

PARIS

LIBRAIRIE AGRICOLE DE LA MAISON RUSTIQUE

26, RUE JACOB, 26

1865

CONFÉRENCES

SUR LE

JARDINAGE

C.

29042

MONTEREAU. — IMPRIMERIE DE L. ZANOTE

BIBLIOTHÈQUE DU JARDINIER

PUBLIÉE

AVEC LE CONCOURS DU MINISTRE DE L'AGRICULTURE

CONFÉRENCES

SUR LE

JARDINAGE

ET LA CULTURE

DES ARBRES FRUITIERS

PAR

P. JOIGNEAUX

PARIS

LIBRAIRIE AGRICOLE DE LA MAISON RUSTIQUE

26, RUE JACOB, 26

1865

CONFÉRENCES

SUR LE JARDINAGE

ET LA CULTURE

DES ARBRES FRUITIERS

CONSIDÉRATIONS GÉNÉRALES

Il serait à désirer que les enfants de nos villages eussent des notions exactes sur la science et l'art de cultiver la terre. En exerçant leur intelligence sur ces intéressants sujets, on les leur ferait aimer, on grandirait à leurs yeux une industrie que la routine et l'ignorance ont descendue au niveau d'un métier pénible et grossier; on les y attacherait peu à peu sans efforts ni fatigue, et, dans l'avenir, nous n'aurions plus tant à gémir sur la désertion de l'ouvrier des champs vers les villes. C'est un point admis par tous les hommes sensés.

Reste à savoir, maintenant, si les instituteurs sont aptes à donner de suite cet enseignement élémentaire. Non, pour la plupart; mais il nous semble que chacun d'eux pourrait le devenir dans un bref délai.

1

C'est par le jardin qu'il faut commencer. Il est là, sous la main de l'instituteur ; il peut y trouver de suite et à volonté les éléments d'un enseignement utile. Le jardin est à la grande propriété ce que le petit laboratoire est à la grande usine ; du moment où l'on sait opérer dans l'un, il y a lieu de croire qu'on ne sera pas embarrassé longtemps dans l'autre. Est-ce que les phénomènes de la végétation ne s'accomplissent pas sur un mètre carré de surface comme sur un hectare ? Est-ce que les lois de l'assolement ne doivent pas être aussi rigoureusement observées dans un potager que dans une vaste exploitation ? Est-ce que les planches ne sont pas un simple diminutif des billons ? Est-ce que les engrais ne fonctionnent pas au jardin comme aux champs ? Est-ce qu'à surface égale, enfin, le jardin ne fournit pas plus et de plus beaux produits que le champ ? Est-ce que le jardin n'est pas la miniature de ce qu'on nomme la culture intensive ? Est-ce qu'il n'est pas la condamnation de la jachère, en même temps que l'idéal du but à poursuivre pour arriver au plus fort rendement possible ?

Ainsi donc, il reste entendu que nous passons par là petite porte la tête aussi haute que si nous passions par la grande.

Nous ne dirons rien des labours à la charrue, mais nous nous expliquerons sur les labours à la bêche.

Nous ne dirons rien des fumiers de la ferme, mais nous parlerons beaucoup des engrais du jardin.

Nous ne dirons rien des domaines à perte de vue,

mais nous nous entretiendrons assez longuement de
nos petits coins de terre.

Nous ne nous permettrons aucun avis sur la culture des choux fourragers, des carottes fourragères,
des fèves à cheval, des pois de champs, par exemple;
mais, en retour, nous donnerons toutes sortes de
conseils sur la culture des choux d'Allemagne, de
Milan, d'York, ainsi que sur celle des carottes de
Hollande, d'Altringham ou de Brunswick, des fèves de
marais, des pois de Commenchon, des pois Michaux,
des pois d'Auvergne.

Nous nous consolerons aisément de l'infériorité
apparente de notre rôle, en songeant que les théories
de la petite culture sont applicables à la grande, et
que la vérité au jardin ne cesse point d'être la vérité
aux champs.

Il s'agit à présent de former des maîtres en matière
de culture potagère et de culture des arbres, de donner un guide sûr aux hommes de bonne volonté, de
vulgariser les données principales de l'art et de la
science horticoles. Nous écrivons ce petit livre à cette
fin, et, en l'écrivant, nous avons l'espoir qu'il suffira de le lire une seule fois avec attention pour le
comprendre, et qu'après l'avoir compris, l'enseignement du jardinage et de l'arboriculture ne sera plus
qu'un jeu pour messieurs les inspecteurs vis-à-vis
des instituteurs, et pour ceux-ci vis-à-vis de leurs
élèves.

PREMIÈRE CONFÉRENCE

Du sol, des outils et de la formation du potager.

Et d'abord, entendons-nous sur la valeur des mots. L'horticulture comprend diverses branches qui sont : les cultures potagère et maraîchère, la culture des arbres fruitiers ou arboriculture fruitière, et la culture des fleurs ou floriculture. Nous n'avons à nous occuper ici que du jardin légumier ordinaire et des arbres à fruits. Quant à la floriculture, elle a pour objet plutôt l'agrément qu'une utilité matérielle. Nous ne la dédaignons point, assurément, mais nous l'abandonnons aux personnes qui ont des loisirs à lui consacrer.

Où que vous alliez, et si pauvres que soient les gens de nos villages, vous verrez près des habitations un jardin, et, dans ce jardin, des légumes et des fleurs. Vous concluerez de là que la culture potagère

est à peu près possible partout, et vous n'aurez pas
tort de conclure ainsi ; c'est aussi notre manière de
voir. Du moment où les racines trouvent à se loger
dans le sol, il ne faut désespérer de rien ; on a fait
de beaux produits avec huit ou dix centimètres de
terre, de même que l'on a engraissé de beaux bœufs
dans de très-petites étables. Néanmoins, l'exception
ne détruit pas la règle, et les terrains qui ont de la
profondeur valent mieux, après tout, que ceux qui
n'en ont pas. Quant à la qualité de ces terrains, il
n'y a pas lieu de trop s'inquiéter. Sans doute, ils ne
se valent pas indistinctement ; nous en connaissons
d'excellents et de très-médiocres, mais d'absolument
mauvais nous n'en découvrons guère. Que vous ayez
affaire à du sable, à du schiste, à de la tourbe, à de
l'argile ou à du calcaire, peu importe, vous viendrez
à bout de les améliorer, de les transformer, d'en
tirer, en un mot, bon parti. Question de temps, pas
davantage. S'il y a plus de sacrifices et plus de peine
à s'imposer pour créer un potager avec un sol mé-
diocre qu'avec un sol riche, il y a plus de mérite et
de contentement aussi à réussir dans le premier cas
que dans le second.

Avec des engrais frais, vous ne serez point en peine
des terrains secs et légers ; avec le drainage, vous ne
serez point en peine non plus des terrains humides.
Rien qu'au moyen d'allées profondément défoncées
et remplies de cailloux, vous ferez des merveilles dans
les sols trop argileux ou trop mouillés.

Vous le voyez, nous ne sommes pas exigeant.

Nous nous contenterons, pour ainsi dire, de ce que nous avons sous la main. A quoi bon demander, comme certains auteurs, des choses inutiles, difficiles, souvent même impossibles? A quoi bon rebuter ou décourager les gens, en leur disant, par exemple : — pour qu'une terre soit bonne, il faut qu'il y entre tant de ceci, tant de cela, un peu plus de cet ingrédient, un peu moins de celui-ci, comme si nous avions le temps d'arranger ainsi des compositions de fantaisie pour de grandes étendues, comme si nous pouvions raisonnablement faire pour nos légumes ce que les fleuristes font pour leurs bruyères et leurs camellias?

Nous prenons donc la terre telle que le bon Dieu nous la donne et réduisons de notre mieux les frais de mise en état de culture.

Pour ce qui regarde les outils, nous cherchons également l'économie. Une bêche pour les gros labourages, une houe pour ouvrir des fossés ou lever de la terre gazonnée, une ratissoire à pousser pour sarcler entre les lignes, une serfouette pour les binages, un râteau à dents de fer pour nettoyer les terrains pierreux, un râteau à dents de bois pour niveler les planches et enterrer les graines, une fourche de fer pour l'arrachage des racines et l'épandage des engrais, une brouette à coffre pour les transports, un plantoir pour les repiquages, un cordeau avec ses deux piquets pour la symétrie des plantations, un arrosoir pour donner l'eau nécessaire et une batte pour tasser les terres légères, nous suffisent largement. Nous pourrions demander davantage; nous nous contenterons de l'indispensable.

Il ne s'agit plus à présent que de former notre potager, puisque nous avons le sol et les outils. Nous lui donnerons, si faire se peut, la forme carrée, et nous le diviserons en quatre compartiments au moyen de deux allées en croix. Si nous pouvons le clore avec des murs de briques ou de pierre, nous n'y manquerons pas, afin d'abriter nos légumes contre les mauvais vents et d'avoir des espaliers; mais, à défaut de murs, une haie d'aubépine nous servira de clôture. Nous la planterons à l'automne, nous la laisserons pousser librement la première année, et taillerons court les années suivantes, pour qu'elle se garnisse bien du pied et ne jette pas trop d'ombre sur nos cultures.

Tout près de la haie, sur les quatre faces, nous établirons une troisième allée d'encadrement ou de ceinture, sans regarder au terrain perdu. Il n'y a point de profit à cultiver trop près d'une haie, parce que les insectes de toutes sortes, les limaces et les escargots s'y réfugient d'ordinaire et commettent beaucoup de dégâts. Avec un mur, c'est différent; il convient d'en éloigner de deux mètres l'allée de ceinture, et de consacrer ces deux mètres à la culture des arbres palissés et des légumes de primeur. Si, cependant, notre jardin était de petite dimension, nous nous contenterions d'un mètre de largeur. A l'impossible nul n'est tenu.

Sur les bords des allées de notre potager, nous

établirons ce qu'on appelle des plates-bandes, autrement dit des bandes de terre un peu plus élevées que le niveau des allées en question, et larges de soixante à quatre-vingts centimètres environ. Nous nommons *bordure* la partie de la plate-bande la plus voisine de l'allée et *contre-bordure* la partie la plus éloignée. Sur la bordure, nous planterons, par exemple, de l'oseille ou des fraisiers; sur la contre-bordure, nous sèmerons du persil, du cerfeuil, nous planterons de l'ail, de la ciboulette ou civette, des échalotes, du thym, etc. Au milieu de la plate-bande, nous placerons, si bon nous semble, des arbres nains, des groseilliers, des fleurs.

Les plates-bandes sont, en définitive, les cadres des compartiments, carrés ou *carreaux* du potager, destinés à recevoir les gros légumes. Pour les facilités de la culture, nous divisons, d'ordinaire, les carrés en planches, dont la largeur ne doit pas excéder un mètre trente centimètres, et que nous séparons les unes des autres par des sentiers de trente centimètres. Des planches trop étroites nous forceraient de multiplier le nombre des sentiers et de perdre inutilement du terrain; des planches trop larges nous gêneraient beaucoup pour sarcler et éclaircir les semis à la volée, car on se fatigue vite à étendre le bras de toute sa longueur.

Les personnes qui auront à créer un potager dans un terrain neuf devront défoncer à cinquante ou soixante centimètres au moins en sol léger, et à trente ou quarante centimètres seulement en sol compacte, de peur de ramener trop de terre infertile à la surface; mais d'année en année, à chaque labourage d'automne, on aura soin d'approfondir la couche cultivable, pour arriver à la longue à un défoncement complet. Le défoncement aura lieu vers la fin de l'été, et, à l'approche de l'hiver, on aura soin de couvrir le labour d'une couche épaisse d'engrais qui améliorera promptement le sol et permettra d'obtenir de beaux produits dès l'année suivante.

A mesure que l'on défoncera, on aura la précaution de sortir du sol les grosses pierres qui gênent le labourage. Quant à la fine pierraille, elle n'a pas tous les inconvénients qu'on lui prête; elle jouit, dans certains cas, de la propriété de favoriser l'aération du sol et d'empêcher la trop grande évaporation d'eau en temps de sécheresse.

DEUXIÈME CONFÉRENCE

Du labourage.

Labourer la terre, c'est la travailler, la remuer avec un outil, tantôt dans un but, tantôt dans un autre. Le défoncement, le bêchage d'automne, le bêchage du printemps ou de l'été, le sarclage à la râtissoire, les binages sont autant de labourages qui ont chacun son utilité particulière.

Nous défonçons les terres neuves, afin de donner à la couche cultivable le plus de profondeur possible. Cette couche remuée reçoit l'air facilement, s'améliore plus vite par cela même, prend plus d'eau en temps de pluie, perd moins de sa fraîcheur en temps de sécheresse et permet aux racines des plantes de s'étendre librement.

Nous bêchons à l'automne, afin d'ouvrir la terre aux agents de l'atmosphère, de favoriser leur action

fertilisante et aussi afin de ramener en haut un peu
de la terre du dessous, qui, pour produire, a besoin
de sentir l'air pendant plusieurs mois. Ajoutons à
cela que les labourages d'automne rendent les labourages de printemps plus faciles.

Nous bêchons au printemps pour perfectionner
la terre remuée à l'automne, pour la diviser, l'ameu-
blir, comme l'on dit vulgairement. Mieux la division
est opérée, mieux l'air court à travers et la modifie
en bien. Voici une motte, par exemple : l'air n'agit
convenablement sur elle qu'à la circonférence; mais
du moment où nous la rompons, où nous la mettons
en miettes ou particules, l'air agit sur toutes ces
particules avec une égale énergie et les améliore
bien autrement vite que lorsqu'elles se trouvaient
réunies en motte. Les ouvriers du sol ne se rendent
malheureusement pas compte de leur travail; ils ne
raisonnent point; ils opèrent machinalement. Aussi,
qu'arrive-t-il? La plupart font de mauvais labours,
prennent des tranches trop épaisses et ne se donnent
pas la peine de les diviser avec le taillant ou le plat
de la bêche. Celui qui retourne la plus grande étendue
de terrain passe pour le meilleur laboureur, lorsque,
en bonne justice, on devrait souvent le tenir pour le
plus inhabile.

Nous connaissons des personnes qui croient bien
faire en se servant d'une fourche en fer au lieu d'une
bêche dans les terres légères; grosse erreur : la
fourche remue la terre et ne la retourne pas. Sans
doute, elle divise et facilite l'action de l'atmosphère,

mais elle n'est point à comparer sous ce rapport à la bêche, qui est le premier des outils de labourage.

Nous sarclons, autrement dit nous supprimons, en temps opportun, les mauvaises plantes qui gênent les bonnes, les étouffent et les affament. Or, le sarclage équivaut à un labourage superficiel. En enlevant les mauvaises herbes, soit avec la main, soit avec une fourchette de fer recourbée, soit avec la râtissoire, on rompt nécessairement la couche supérieure du sol.

Nous binons enfin, non-seulement pour donner de l'air aux racines des plantes en brisant la couche durcie du terrain, mais encore pour empêcher l'évaporation de l'humidité qui monte des couches inférieures vers la surface. Voici en deux mots l'explication de la chose : — tant que la terre est tassée et que ses particules se pressent bien, l'eau souterraine monte par l'effet de la capillarité, comme monte l'huile de la lampe dans une mèche de coton. Cela est si vrai que s'il nous arrive de marcher dans la terre labourée, l'empreinte de nos pieds se conserve humide durant plusieurs semaines, tandis que, dans le voisinage, la terre devient grise sous l'influence du vent ou du soleil qui chasse l'eau de ce terrain nouvellement remué. Tant que nous avons des graines à faire germer, l'ascension de l'humidité est utile ; mais après la levée, il convient de l'arrêter à une certaine profondeur, de l'empêcher de monter à la surface et d'épuiser le réservoir souterrain d'où elle sort. C'est alors que nous prenons le sarcloir ou la râtissoire et que nous remuons le dessus de nos planches. Voilà toute la théorie du binage. Nous rompons les passages de l'eau qui s'arrête forcément aux racines et les alimente, et, en même temps, nous supprimons les mauvaises herbes et les empêchons de boire à la source commune.

Plus l'humidité est nécessaire, plus le binage devient opportun; c'est donc dans les moments de sécheresse que nous devons exécuter ce travail.

TROISIÈME CONFÉRENCE

Des engrais.

Il y a dans la terre des sels et dans l'air des gaz qui suffisent pour la nourriture des plantes sauvages, et d'autant mieux que ces plantes meurent, pourrissent sur place et rendent tous les ans au sol un peu plus qu'elles ne lui ont emprunté. Mais quand les plantes, au lieu d'être destinées à périr sur place, sont récoltées régulièrement et servent aux besoins de l'homme ou des animaux, nous volons, pour ainsi dire, à la terre ce qui lui revenait de droit. Or, à force de prendre, nous diminuerions chaque année et finirions même par épuiser les provisions du bon Dieu. Il faut donc restituer au sol, après chaque récolte, une partie de ce qu'il nous a généreusement prêté, c'est-à-dire l'engraisser ou le fumer, ce qui revient au même.

Les engrais ou fumiers qui servent à cette restitution sont de plusieurs sortes ; mais, avant d'en parler, faisons observer que, dans le nombre, il en est qui ne sont point à la disposition des instituteurs.

Il est rare, très-rare que l'instituteur mène de front l'enseignement et une grande culture. Il n'a donc ni chevaux, ni moutons, par conséquent ni fumier d'écurie, ni fumier de bergerie.

Un certain nombre d'instituteurs mariés ont, pour le moins, une vache, un porc et des poules; donc, ils peuvent disposer du fumier de ces animaux.

Un plus grand nombre n'élèvent de bêtes d'aucune sorte et ne se soucient point de se mettre en frais pour acheter de l'engrais. Il s'agit donc de trouver les moyens d'en faire sans bourse délier. Le purin perdu, les urines, les matières fécales, les cendres, la suie, etc., rendent la chose possible.

Un mot d'abord sur les fumiers d'étable, réputés froids parce qu'ils renferment plus d'eau que ceux d'écurie et de bergerie. Avec du fumier de vache et de porc, mêlé et décomposé le plus possible, on ne saurait être en peine de produire de bons et beaux légumes. Ces fumiers n'ont pas tous la même qualité; c'est un point à établir. Leur valeur dépend de la nourriture qu'on donne aux bêtes, de l'état de santé de ces bêtes, de la nature de la litière et de l'entretien dont ils sont l'objet. Plus la nourriture est substantielle ou riche, plus le fumier vaut. Quant à la litière, les pailles de froment, de seigle et d'avoine sont de beaucoup préférables aux genêts et à la bruyère, parce qu'elles sont moins coriaces et plus propres à éponger les déjections liquides. Dans le cas, cependant, où l'on en serait réduit à liter avec du genêt, on ferait bien de n'employer que les sommités de la plante, récoltées au moment de la floraison et fanées, jamais fraîches.

Quant aux soins d'entretien, ils consistent à bien piétiner les fumiers, à les mouiller de purin en temps de sécheresse pour favoriser la décomposition, et à les soustraire le mieux possible aux eaux des pluies. Voici pourquoi : — dans les fumiers en question, il y a de la potasse, de la soude et encore d'autres sels qui fondent aisément et vont se perdre on ne sait où plutôt que de nourrir les récoltes du cultivateur. Cela se voit partout ; peu de gens y trouvent à redire, et, cependant, tout le monde se récrierait contre un commerçant qui s'aviserait d'étaler à sa porte, en temps de pluie, sa potasse, sa soude, son sel de cuisine, sa cassonade et ses pains de sucre ; on demanderait tout de suite son interdiction pour cause de folie. Quoi qu'il en soit, nous voyons des cultivateurs qui se croient pleins d'esprit et de sens, qui riraient du commerçant en question et qui n'en commettent pas moins tous les jours la même folie.

Une question se présente : — doit-on placer les fumiers dans des fosses ou au niveau du sol ? Malgré la pratique admise dans beaucoup de localités, nous pensons que les fosses offrent plus d'inconvénients que d'avantages. Le fond est-il perméable, les liquides de l'engrais s'en vont en pure perte on ne sait où ; le

fond est-il imperméable, ces liquides forment une
mare sous le fumier, et quand vient le moment de
s'en servir, on ne sait comment sortir, transporter et
répandre cette boue; ce n'est pas tout : avec la fosse,
nous sommes astreints à une double opération ; en
premier lieu, il s'agit de sortir le fumier et de le jeter
sur les bords; en second lieu, nous devons le re-
prendre là, pour le charger sur la voiture. Avec les
fumiers élevés sur le sol, nous n'avons pas à compter
avec ces inconvénients.

Il nous reste à savoir maintenant dans quel état il
convient d'employer les fumiers de ferme.

S'il s'agissait de cultiver des plantes lentes à se développer, nous aurions peut-être intérêt à nous servir d'un engrais incomplètement décomposé, à moitié ou au tiers pourri ; mais dans les opérations de
jardinage, nous avons besoin d'un effet rapide, très-
rapide ; nous avons besoin de faire des feuilles et
des racines pour ainsi dire au pas de course, et,
à cet effet, nous devons recourir à des engrais d'une
assimilation facile et prompte. Or, à ce titre, le premier entre tous est l'engrais liquide que l'on a appelé avec raison de la *sève toute faite*. Pourvu que
nous l'affaiblissions avec de l'eau ordinaire, que nous
nous en servions en temps pluvieux, cet engrais fera
merveille. Malheureusement, les cultivateurs, qui ne
raisonnent pas toujours, ne songent à employer
l'engrais liquide qu'en temps de sécheresse, de forte
chaleur, alors qu'il est réduit, condensé, presque à
l'état de sirop, en sorte qu'étant plus lourd que la

séve renfermée dans les plantes arrosées; il ne peut
y monter et ne sert, par conséquent, à rien, à
moins qu'une pluie ne survienne à propos. Parfois
même, cet engrais liquide est tellement chargé de
substances corrosives, qu'il désorganise les tissus
végétaux et les *brûle*, pour nous servir de l'expression vulgaire. Afin d'éviter tout cela, affaiblissons-le
d'abord avec de l'eau ordinaire.

Tous les engrais liquides ne se valent pas indistinctement. S'il y en a d'excellents, il y en a de médio-
cres aussi. Ils sont d'autant meilleurs qu'ils contiennent plus des substances différentes. Ainsi, l'urine
du bétail ne vaut pas l'eau de fumier, parce que,
sous le même volume, elle ne contient pas des vivres
aussi variés.

Le fumier qui produit l'effet le plus rapide, après
le purin, est celui qui a pourri le plus complétement
à l'abri des pluies. Les fumiers pailleux ou frais ne
conviennent réellement que pour la culture des pommes de terre. Dans ce cas exceptionnel, il s'agit de
favoriser le développement de tubercules qui ne sont
pas des racines, mais des rameaux souterrains gorgés
de fécule. Or, le fumier pailleux facilite ce développement en tenant la terre soulevée.

Il ne nous reste plus qu'à dire un mot des propriétés des divers engrais. Les uns et les autres ont
une odeur et une saveur propres qu'ils communi-
quent plus ou moins aux produits de la terre.
Seulement, la force de l'habitude ne nous permet pas
toujours de constater la chose. Quand nous forçons

des laitues ou des radis sur une couche faite avec
du fumier d'écurie, les légumes accusent leur origine
d'une façon très-marquée. Le fumier de vache porte
avec lui et transmet une odeur musquée. La vase
des étangs communique sa saveur et son odeur aux
fruits des arbres; les matières fécales donnent de
l'amertume aux légumes. Les cendres rendent les
haricots secs savonneux; les engrais puants déna-
turent toujours un peu les qualités naturelles et déli-
cates de nos plantes; le fumier de mouton ne permet
pas, assure-t-on, à la farine de froment qui en pro-
vient de fermenter comme à l'ordinaire; mais, en
retour, il a une action puissante et heureuse sur
nos légumes de la famille des Crucifères, tels que
choux, navets, radis, rutabagas, cresson alénois,
à cause des mèches de laine qu'il renferme et qui
contiennent beaucoup de soufre et d'azote.

A défaut de fumier proprement dit, nous devons
former des *composts* qui s'en rapprochent beaucoup
et donnent d'excellents résultats. On entend par composts des mélanges de substances végétales, animales
et minérales. Vous ne perdrez donc point les déchets
de la cuisine, les mauvaises herbes, les os d'animaux,
les viandes gâtées, les matières fécales, les plumes de
volailles, les chiffons de laine, le sang, les cendres
de bois, de tourbe et de houille, la suie; vous les
mélangerez avec des boues de rues, d'étangs, de fossés, avec des gazons, et les arroserez avec des eaux
de savon, des urines, des rinçures de vaisselle, de
futailles, des eaux de lessive. Au bout de trois ou

quatre mois, par un temps sec, vous déferez le tas,
le laisserez se ressuyer au soleil, romprez les mottes
et vous en servirez.

QUATRIÈME CONFÉRENCE

Légumes et choix à faire parmi les variétés.

Le nombre des espèces légumières cultivées est beaucoup moins considérable qu'on pourrait le supposer; il ne dépasse pas la soixantaine. Ce sont les variétés de ces espèces qui font la quantité.

Dans cette conférence, nous ne nous occuperons point, on le pense bien, de la culture détaillée des divers légumes. Les livres qui en traitent tout spécialement ne manquent pas, et nous y renvoyons notre public. Ce que nous voulons aujourd'hui, c'est l'énumération pure et simple des plantes potagères et l'indication des variétés qui nous semblent les plus recommandables. En ceci, nous suivrons l'ordre alphabétique, attendu que l'ordre botanique exigerait préalablement des études spéciales, et que l'ordre

d'importance pourrait de temps en temps devenir
un sujet de contestation.

AIL. Nous connaissons l'ail commun, l'ail
rouge du Midi et l'ail d'Espagne ou rocambole. Nous
ne conseillons que la culture de l'ail commun, en
terre consistante, mais peu mouillée. Cette plante
aime le fumier de cheval très-décomposé. On plante
les gousses de la circonférence en avril et en mai,
quelquefois même en octobre dans les terrains
secs.

ARROCHE. Cette plante, connue sous les noms vul-
gaires de belle-dame, bonne-dame, éripe, etc.; offre
deux variétés, l'une à feuilles blondes, l'autre à
feuilles rouges. La première est la plus recherchée
pour la cuisine; la seconde n'a que le mérite d'offrir
un bel aspect. On sème les arroches à l'automne ou
au printemps. Elles ne sont point difficiles sur la
qualité du terrain.

ARTICHAUT. Cette espèce compte plusieurs variétés, parmi lesquelles nous distinguons le gros
vert de Laon, le *camus* de Bretagne et le violet du
Midi. On œilletonne les artichauts en avril et mai,
et l'on transplante les œilletons avec du fumier de
ferme. On pourrait semer l'artichaut, mais on ne
saurait répondre, par ce moyen, de reproduire fidèlement les variétés estimées.

ASPERGE. M. Vilmorin n'admet, et avec raison, que

trois variétés d'asperge : 1° celle de Hollande, 2° celle d'Allemagne, 3° l'asperge verte. La première est la plus recherchée et forme la base des cultures d'Argenteuil. On multiplie l'asperge soit par le semis, soit par la plantation de ses griffes ou pattes. Les semis se font soit en novembre dans les terres légères et sèches, soit en février dans les terres argileuses. Pour ce qui est de la plantation des griffes, on la commence en mars et on la continue en avril, avec du fumier de cheval très-pourri, des os concassés et du sel marin pour engrais.

AUBERGINE. Les meilleures variétés sont : l'aubergine violette longue de Narbonne, l'aubergine violette ronde et l'aubergine panachée de la Guadeloupe. On ne cultive l'aubergine en pleine terre que dans le midi de la France.

BASILIC COMMUN ou *des cuisiniers*. On le sème quand les gelées de printemps ne sont plus à craindre, et principalement dans le Midi.

BETTERAVE. Les betteraves, dites à salade, sont assez nombreuses, mais il nous suffira de recommander la variété rouge foncé de White, la betterave de Castelnaudary et la betterave écorce ou crapaudine. Nous les semons ordinairement en mars et en avril. Elles exigent un terrain riche, frais et convenablement plombé.

CARDON. Le cardon est une espèce d'artichaut

cultivé pour ses côtes, et de plus un excellent légume,
très-négligé, quoique réussissant partout. Les meilleures variétés sont : 1° le cardon de Tours, très-
épineux ; 2° le cardon plein inerme, c'est-à-dire sans
épines ; 3° le cardon Puvis. On les sème en avril et
mieux en mai. Vers les premiers jours de septembre,
on commence à les lier et à les empailler pour les
étioler. On obtient à peu près le même résultat en
les enveloppant d'une forte butte de terre ; ou bien, à
la rigueur, à l'approche des gelées, on les arrache,
on les met l'un contre l'autre en cave, où leurs pétioles blanchissent peu à peu. On consomme ces
pétioles en octobre, novembre, décembre, janvier et
même février.

CAROTTE. Les carottes potagères, dont nous conseillons principalement la culture, sont la carotte
rouge très-courte de Hollande, la plus hâtive,
et de bonne qualité, quoique peu sucrée ; la carotte
rouge demi-longue de Hollande, ou de Croissy, ou
de Crécy, comme l'on dit à Paris, d'excellente qualité
aussi, mais moins hâtive ; la carotte rouge longue d'Altringham, d'une cuisson facile et préférée, dit-on, aux autres variétés pour les sauces et les
potages à la Crécy ; la carotte longue de Vilmorin ;
enfin, la carotte jaune d'Achicourt, qui a le double
mérite d'être de qualité très-acceptable et de se conserver très-bien. On sème les carottes, soit en août et
septembre pour leur faire passer l'hiver en place
sous une couverture de feuilles, soit à la fin d'octo-

bre, pour qu'elles lèvent un peu plus tôt à la sortie de l'hiver mais principalement. en février ou mars, et même avril et mai, ces dernières étant les meilleures pour les conserves d'hiver. La carotte demande un terrain riche, profond, frais, un peu ombragé et fumé de l'année précédente. Le fumier de vache très-pourri, les cendres de bois et les engrais liquides en temps de pluie lui conviennent tout particulièrement.

CÉLERI. Nous cultivons une variété de céleri pour ses côtes, que nous appellons céleri plein blanc, parce que les pétioles ou les côtes sont pleins, et une variété pour sa racine, que nous appelons indifféremment céleri-rave ou céleri-navet. Pour les obtenir de bonne heure, nous les semons sur couche en mars, et les repiquons à la fin d'avril ou au commencement de mai. Sous les climats chauds, on peut semer en pleine terre dès la sortie de l'hiver pour repiquer plus tard. Le céleri demande une terre riche, fraîche, ombragée, du fumier de vache et de porc en abondance et des arrosages très-fréquents. Quand l'on veut obtenir de belles racines de céleri-rave, il convient d'ouvrir un bassin autour de chaque pied, d'y mettre, de temps en temps, quelques poignées d'un mélange de fumier de vache bien pourri et de cendres de bois, et d'arroser de façon que le fond de ce bassin ne soit jamais complétement desséché, même dans les temps de forte chaleur. Il existe un céleri plein violet, moins sensible à la gelée que le plein blanc, mais aussi moins délicat. Le céleri turc ou de Prusse est également estimé.

CERFEUIL COMMUN. Nous avons le cerfeuil commun et sa variété, le cerfeuil frisé. Pour la qualité, nous n'établirons pas de différence entre l'un et l'autre; nous dirons seulement que le commun passe pour être plus robuste que sa variété, bien que celle-ci ait parfaitement résisté chez nous, et sans aucune précaution, au long hiver de 1864-65. Le seul avantage réel du cerfeuil frisé sur le type, c'est de se distinguer parfaitement de la petite ciguë et de mettre ainsi nos ménagères à l'abri d'une confusion regrettable; à ce titre, il convient d'en conseiller fortement la culture. On sème cette plante condimentaire à toutes les époques de l'année; seulement, les semis destinés à donner de la graine doivent avoir lieu en septembre, afin que les pieds acquièrent de la force et puissent traverser l'hiver. Le cerfeuil n'est pas précisément difficile sur les terrains; néanmoins, il s'accommode principalement de ceux qui sont riches et bien ombragés. Les grandes chaleurs lui sont nuisibles et le font monter très-vite à fleur.

CERFEUIL BULBEUX OU TUBÉREUX. C'est une espèce cultivée en France depuis peu pour ses bulbes ou tubérosités. Il est très-productif et recherché de beaucoup de personnes pour les fritures. Il faut le semer en été vers le mois d'août, aussitôt que sa graine est mûre. Si on le sème au printemps, il ne lève que la seconde année.

CERFEUIL MUSQUÉ. On donne ce nom à la myrrhide odorante, plante vivace, aromatique, dont les feuilles sont utilisées parfois en cuisine. On le multiplie d'éclats ou de graines juste au moment où elles viennent de mûrir.

CHERVIS. Le chervis, autrefois très-cultivé, est aujourd'hui très-négligé. On consomme ses racines extrêmement sucrées et même fades. On le multiplie de graines ou d'éclats, mais surtout de graines que l'on sème en septembre ou à la sortie de l'hiver. Le chervis aime les terrains frais, riches en terreau, et exige beaucoup d'eau.

CHICORÉE. Nous comptons plusieurs espèces de chicorée, qui sont : la chicorée à café, la chicorée endive ou chicorée frisée et la scarole. Parmi les chicorées frisées ou endives, nous recommandons celles de Rouen, d'Italie et de Meaux. Les variétés ou sous-variétés plus finement découpées, comme la chicorée de Picpus et la chicorée-mousse, sont très-sujettes à la pourriture. Parmi les scaroles, nous préférons la blonde à la verte.

On sème la chicorée à café ou à grosses racines en mars et en avril dans les champs, et en mai dans les jardins; plus tôt, elle monterait. Quant aux chicorées frisées et scaroles, il est d'usage, dans le rayon de Paris, de les semer vers le commencement de la seconde quinzaine d'avril; plus au Nord, on attend le mois de mai; mais dans le midi de la France, on

sème dès le mois de mars. Plus tôt que mai et
même juin, elles seraient très-sujettes à monter,
dans les contrées élevées et froides. Comme toutes
les plantes qui exigent beaucoup d'eau, les chicorées frisées et les scaroles exigent en même temps
des fumiers d'étable très-décomposés, en grande
quantité. Plus le jardin est riche en vieux terreau,
mieux les chicorées y réussissent.

CHOU. Nous avons diverses races de choux parfaitement caractérisées, mais qui laissent à désirer sous
le rapport des classifications adoptées. Nous vou-
drions que l'on s'habituât à les classer en : 1º choux
d'York; 2º choux d'Allemagne; 3º choux de Milan ou
de Savoie; 4º choux rouges ou de Frise; 5º choux
d'hiver non pommés; 6º choux-fleurs et brocolis;
7º choux-raves ou de Siam; 8º choux-navets et rutabagas.

Les choux d'York comprendraient le cœur-de-
bœuf, le cabbage, le pain-de-sucre, le chou bacca-
lan, etc. Les choux d'Allemagne comprendraient le
cabus de Saint-Denis, le Hollande à pied court, le
chou de Winnigstadt, le trapu de Brunswick, le
chou de Vaugirard, le chou quintal ou gros d'Allemagne, le chou Joanet ou nantais, etc. Les choux de
Milan ou de Savoie comprendraient le chou de Milan des Vertus, le plus beau de tous, le Milan très-
hâtif d'Ulm, les Milans à tête longue et ronde, le Milan
doré, le Pancalier de Touraine, le chou de Bruxelles
ou à jets. Les choux rouges n'ont que trois variétés

très-foncées : le gros rouge de Frise, appelé aussi
chou de Brunswick ou chou polonais; le petit chou
d'Utrecht ou tête de nègre; le chou rouge hâtif d'Er-
furth. Une quatrième variété, qui est le chou rouge
d'Alost, de Gand ou marbré, a les feuilles glauques
et les nervures d'un rouge clair. Les choux frisés
rougeâtres ne sont que des métis provenant de porte-
graines de choux de Milan et de choux rouges trop
rapprochés. Les choux d'hiver non pommés comprennent le chou vert d'hiver proprement dit, le
chou blond d'hiver, moins robuste que le précédent
et les choux frisés ou prolifiques ou pyramidaux.
Les choux-fleurs comprennent plusieurs variétés,
parmi lesquelles nous recommandons la variété
tendre ou petit Salomon, la variété demi-dure ou
gros Salomon, le chou-fleur de Lenormand, le chou-
fleur de Hollande à pomme serrée et tardive, et enfin
le brocoli blanc, qui ne diffère des autres variétés
que par la blancheur de la pomme et les ondulations
des feuilles. Les choux-raves ou choux de Siam ont
une variété blanche et une variété violette qui se valent l'une l'autre. Les choux-navets, qui ont leurs
racines en terre comme les navets ordinaires, sont :
le chou-navet de Laponie et le rutabaga, qui n'est
qu'une variété du précédent. Pour la cuisine, le chou-
navet de Laponie est préférable au rutabaga, mais il
est moins gros que celui-ci et plus fortement en-
raciné.

On sème vers le 20 août, pour repiquer en pépinière à la fin de septembre, les choux d'York, cab-

2.

bage, cœur-de-bœuf, pain-de-sucre, choux d'Allemagne, choux rouges et choux de Milan hâtifs. On les transplante à demeure après l'hiver. On peut aussi les semer au printemps et compter sur une bonne récolte d'arrière-saison. On sème en mai et juin le chou de Vaugirard, le chou de Bruxelles et les choux d'hiver non pommés. Les choux en général aiment les terres riches et les terres nouvellement défoncées. Les composts, les fumiers en général, mais ceux de moutons surtout, les chiffons de laine et les boues d'étangs ressuyées leur sont très-favorables.

On sème les choux-fleurs tendres sur couche, en février ou mars, pour les repiquer de bonne heure, et les choux-fleurs durs en avril et mai; les choux-navets et les rutabagas, en mai, pour les repiquer en juin. Ces dernières variétés s'accommodent des mêmes engrais que les précédentes.

CIBOULE. La ciboule commune est une plante condimentaire estimée. On la sème d'habitude à la sortie de l'hiver et en juillet; les terres légères mais riches lui conviennent principalement. La ciboule blanche hâtive, variété de l'espèce commune, doit lui être préférée.

CIBOULETTE, CIVETTE, CIVE, APPÉTIT. Plante condimentaire indigène. On la multiplie d'éclats en mars.

CONCOMBRE. Nous avons le concombre jaune hâtif

de Hollande, le jaune gros et le concombre vert à cornichons. Nous nous en tenons à ces variétés qui nous paraissent les plus recommandables. On les sème en mai, en terre fortement fumée, et l'on arrose beaucoup pendant le cours de la végétation. De temps en temps, une poignée de colombine ou de guano au pied de chaque plante est d'un excellent effet.

Courge. Les courges sont fréquemment cultivées en France pour la cuisine. Les meilleures de toutes sont : les pâtissons ou artichauts de Jérusalem, la courge à la moelle, le potiron blanc dont la chair est blanche, le giraumon-turban, la courge de l'Ohio et le potiron vert dont la chair est jaune. On sème en mai, en terre fumée avec de l'engrais d'écurie. On arrose souvent et abondamment. La colombine et le guano sont d'un bon effet sur ce légume.

Crambé maritime ou Chou marin. Ce légume, d'excellente qualité, plus précoce que l'asperge et d'une culture très-facile, est à peine connu en France. Il mérite donc d'être propagé. On sème sa graine en octobre pour qu'elle passe l'hiver en terre, ou bien, et plus souvent, en avril. Le crambé recherche les terrains secs; il serait exposé à pourrir dans les terrains frais. Le fumier de vache très-décomposé, les cendres de bois et le sel de cuisine lui sont très-avantageux.

Cresson alénois. On cultive cette plante, dont le

véritable nom est passcrage, pour l'adjoindre aux
salades à titre de fourniture. On le sème en mars
et avril. Il est facile quant au terrain.

ÉCHALOTE. La meilleure des échalotes est l'échalote commune; la grosse échalote d'Alençon est plus
âcre; celle de Jersey se garde moins bien. On renouvelle l'échalote par ses caïeux en mars ou en avril,
selon les climats, en terre légère et sèche plutôt que
compacte et humide.

ÉPINARD. On en compte plusieurs variétés. Les
épinards d'Angleterre, des Flandres, d'Esquermes,
appelé aussi épinard de Gaudry, ou à feuilles de laitue, sont les principales. On sème ce légume à partir
du mois de mars jusqu'en septembre, et autant que
possible en terre riche, fraîche et ombragée. Le fumier de vache très-pourri et les cendres de bois lui
sont très-agréables. Les semis de printemps et d'été
donnent des plantes qui montent vite à fleur; les semis d'août et de septembre sont les plus avantageux.

ESTRAGON. Plante aromatique et condimentaire.
Elle réussit partout. On éclate ses touffes pour la
multiplier à la sortie de l'hiver.

FENOUIL. Le fenouil doux ou de Florence est
la meilleure variété potagère. Il demande une bonne
terre, beaucoup d'eau et un climat assez chaud. On
le sème en mars et en avril.

Fève de marais. Nous conseillons la culture de la fève de marais commune, à graines allongées, de la fève de Windsor, à graines arrondies; et de la fève à graines vertes. On les sème en mars et avril, à bonne exposition, pour qu'elles ne s'élèvent pas trop en tiges, et on les fume avec de l'engrais d'étable et des cendres de bois.

Fraisier. Le fraisier appartient au potager dont il orne les bordures. Les meilleures fraises, au moment où nous écrivons ces lignes, sont, d'après M. le comte de Lambertye : Carolina superba, la châlonnaise, la constante, grosse sucrée, hendries-seedling, Lucas, marquise de Latour-Maubourg, sir Harry, la Sultane, Keen's seedling, Quatre-Saisons et British queen. Ce qui n'empêche pas la fraise des bois de rendre des points à toutes.

Haricot. Ce légume nous offre quantité de variétés; nous ne signalerons ici que les plus avantageuses. Les meilleurs, à notre avis, parmi les haricots qui ont besoin de rames, sont : le haricot sabre à grandes cosses, le haricot princesse mangé-tout, le haricot de Prague bicolore et le haricot d'Alger ou beurre. Le haricot d'Espagne à fleurs blanches, que l'on cultive sur certains points de la Belgique sous le nom de *Bayard*, n'est pas précisément délicat, mais il est gros, robuste, précoce, et peut rendre des services en grains verts ou même en grains secs, à la condition de le réduire en purée. Parmi les haricots nains,

nous signalerons le haricot de Soissons nain; le haricot noir de Belgique, très-précoce et excellent en
vert; le haricot suisse gris de Bagnolet; le haricot
suisse ventre de biche, le rouge d'Orléans, le haricot
flageolet de Laon, le haricot-riz et le haricot jaune du
Canada, très-bon mange-tout. On plante les haricots
en avril et mai, en terrain sec plutôt qu'humide. Ils
recherchent le fumier de vache très-pourri et les
cendres de bois.

IGNAME DE CHINE. Nous citons cette plante pour
mémoire. Elle aura de la peine à s'installer au potager.

LAITUE. Nous avons les laitues pommées et les laitues romaines ou chicons. Parmi les pommées, nous
ne voyons rien de mieux que la laitue à bord rouge,
très-précoce, la blonde de Berlin, la laitue turque, la
grosse brune paresseuse, la laitue-chou de Naples et
la Palatine. Parmi les romaines ou chicons, nous
recommandons la romaine grise maraîchère qui a le
mérite de se coiffer seule, la romaine blonde de
Brunoy et l'alphange à graines noires. On sème les
laitues dont il vient d'être parlé, en mars, avril, mai
et juin. Le compost, l'engrais liquide, la colombine
de volaille, les eaux de savon et de lessive leur sont
très-profitables.

MACHE. Cette plante, que nous cultivons sous les
noms de doucette et de salade de blé, doit être semée

en septembre et fumée avec du compost et des
cendres.

MELON. Les melons se divisent en melons brodés,
melons cantaloups et melons à peau lisse. Les meilleurs melons brodés sont : le sucrin de Tours, le sucrin de Honfleur et l'ananas à chair verte ou d'A-
mérique. Les meilleurs cantaloups sont : le cantaloup
fin hâtif, le Prescott à fond blanc et le petit Prescott
à fond noir. Les meilleurs melons à peau lisse sont
le melon de Malte, le melon muscade des États-Unis
et le melon de Morée vert, ou melon de Candie.

NAVET. Les meilleurs navets pour la cuisine sont :
le navet des Vertus, le navet noir long, le navet de
Saulieu, le navet de Maltot, le petit navet de Berlin,
le navet des sablons et les navets blanc et rouge
plats. On les sème en juin, juillet et même août.
Plus tôt, ils s'emportent et prennent de l'âcreté.
Cependant, les navets blanc plat et rouge plat peuvent être semés exceptionnellement vers la fin d'avril
et en mai. Dans les terres fortes, les navets deviennent souvent véreux; les terres légères en climat
frais leur conviennent mieux. Les composts, les
cendres de bois et le fumier de ferme très-pourri
sont d'un bon effet dans cette culture.

OIGNON. Parmi les oignons précoces, nous choi-
sissons l'oignon blanc hâtif de Paris et l'oignon de
Danvers; parmi les oignons plus ou moins tardifs,
nous accordons la préférence à l'oignon jaune paille,

à l'oignon rouge pâle de Niort et à l'oignon rouge foncé de Brunswick. L'oignon pyriforme ou en forme de poire, qui commence à se répandre, jouit de la propriété de se bien conserver. On peut semer l'oignon blanc en août et lui faire passer l'hiver en terre. Quant aux autres, nous les semons en mars et avril. Les oignons aiment une terre très-riche en vieux terreau. Ils redoutent le fumier frais. Les mélanges de cendres, de suie et de colombine leur sont très-profitables.

OSEILLE. L'oseille commune se multiplie de graines et d'éclats. Le semis, fait au printemps, donne des plants plus robustes et plus productifs que ceux qui proviennent d'éclats. Nous conseillons donc le semis. L'oseille vient partout, mais elle se plaît particulièrement dans une terre légère, siliceuse et bien fumée avec un mélange de fumier de vache et de cendres de bois.

OSEILLE-ÉPINARD. C'est le nom de la patience des jardins.

PANAIS. Nous avons le panais long de Jersey qui convient surtout à la grande culture et aux terrains profonds, et le panais rond de Metz ordinairement admis dans les potagers. On peut semer l'un et l'autre en octobre et en mars. Le panais demande un terrain riche, frais et ombragé. Le compost et le fumier de vache font très-bon effet dans cette culture.

PASTÈQUE ou MELON D'EAU. La pastèque à chair rose du midi de la France et de l'Espagne ne prospère que sous les climats chauds. Aux environs de Paris, il n'y faut pas songer. La seule pastèque que l'on puisse y cultiver est à chair blanche, à graines noires, et connue sous le nom de melon du Malabar. C'est la pastèque à confire; elle n'est bonne qu'à cela. Sa maturité correspond à l'époque des vendanges; on en fait cuire des tranches avec le vin doux, et l'on obtient ainsi une sorte de raisiné très-estimé.

PERCE-PIERRE. Nom vulgaire de la Bacile maritime, plante condimentaire, très-sensible au froid. On doit ne la semer qu'après les gelées de printemps et à chaude exposition.

PERSIL. Nous avons le persil commun et le persil frisé qui n'est qu'une variété du premier. On les sème en septembre et en mars, et on les fume, soit avec du compost, soit avec du fumier de vache et des cendres de bois. Le persil se plaît surtout dans les terrains frais et ombragés, bien que, après tout, il réussisse en terrain sec et découvert.

PIMENT ou POIVRE LONG. Le piment se plaît sous les climats chauds; dans le Midi, on le sème de bonne heure à la sortie de l'hiver, contre un mur et à chaude exposition. Aux environs de Paris, il faut le semer sur couche et ne le repiquer en pleine terre qu'au mois de juin.

3

POIREAU. Nous recommandons le poireau long de Rouen pour les terrains profonds et le poireau court pour les terrains qui ne le sont pas. On sème sa graine en mars et avril pour repiquer plus tard. On fume avec du compost. Le poireau aime les terrains frais et craint le fumier long.

POIRÉE A CARDES. Nous en connaissons de blanches, de vertes, de jaunes, de rouges, etc. La meilleure dans le nombre est la poirée à cardes blanches frisée. Nous la semons en mars et avril, pour la repiquer en terrain frais et bien fumé dans le courant de mai ou de juin.

POIS. Nous avons les pois à rames et les pois nains. Nous ne conseillons pas la culture de ces derniers, parce que leur rendement est trop minime. Nous nous en tiendrons donc aux pois ramés. Si nous en voulons de précoces, nous plantons le pois prince Albert, le pois de Commenchon et le pois Michaux de Hollande. Pour faire suite à ceux-ci, nous cultivons le pois d'Auvergne ou serpette, très-productif; enfin nous plantons en dernier lieu le pois ridé de Knight, soit vert, soit blanc. En outre, nous avons un pois mange-tout très-recommandable et qui est connu sous le nom de corne de bélier à fleurs blanches. La variété à fleurs violettes ne le vaut pas, à notre avis. Nous semons les pois en mars, avril, mai et juin, pour en avoir en toute saison, et nous les semons surtout en terrain maigre afin d'avoir plus de gousses. Dans les sols riches, les tiges et les feuilles dominent trop.

POMMES DE TERRE. La Marjolin ou kidney hâtive est toujours la seule qui convienne au potager.

POURPIER. Le pourpier doré est plus agréable à l'œil que le pourpier vert; quant à la qualité, nous ne voyons pas de différence bien sensible. On le sème en mai et en terre pleine de vieux fumier.

RADIS. Il y a des radis de printemps, d'été et d'hiver. Parmi ceux de printemps, nous mettons en première ligne le radis blanc rond, le radis rose rond et le radis demi-long rose à bout blanc. Le radis gris d'été, ainsi que les radis jaunes, blancs et noirs, sont connus sous les noms de raifort cultivé à Paris, de raves dans les Vosges, de ramelassés dans le Nord. Le radis noir d'hiver est le plus tardif et de longue garde. Pour les radis de printemps, nous semons en mars et avril; pour les radis d'été, en mai et juin; pour les radis d'hiver, en juillet, août et septembre. Ils demandent un terrain riche, assez frais, et un compost formé de fumier très-pourri, de cendres de bois et de colombine.

RAIFORT SAUVAGE. Il y a deux sortes de raifort dans le jardinage : 1° le raifort cultivé dont il vient d'être parlé, et qui n'est autre chose qu'un gros radis; 2° le raifort sauvage ou cochléaria, ou cran de Bretagne, ou moutarde des capucins. Ce dernier se multiplie d'éclats à l'automne ou au printemps. Il se plaît dans les climats un peu frais, mais, au bout du compte, il vient partout et s'y maintient presque avec la ténacité d'une mauvaise herbe. -

Raiponce. La campanule-raiponce est une salade plus dure que la mâche et plus savoureuse. Les racines crues se mangent ainsi que les feuilles. On la sème en juin, en bonne terre et à exposition ombragée.

Rhubarbe comestible. Les meilleures variétés comestibles sont : la rhubarbe ondulée, la rhubarbe rouge hâtive et la rhubarbe du Népaul. On peut les obtenir de graines, mais on préfère les multiplier d'éclats, afin de gagner du temps. On éclate les rhubarbes dans le courant d'octobre, plutôt qu'au printemps, et on plante les éclats en bonne terre, bien défoncée.

Salsifis. Cette excellente racine, que l'on sème en mars et avril, demande une terre bien défoncée et du compost pour engrais.

Scorsonère. C'est ce qu'on appelle communément, mais à tort, salsifis noir. On la sème à la même époque que le salsifis et on fume de même. On assure que, dans les sols argileux et un peu froids, il convient de semer les scorsonères en août et septembre.

Tétragone. La tétragone étalée ou tétragone cornue des jardiniers est une plante à peine connue, dont les feuilles épaisses ont la forme de celles de l'épinard,

et servent aux mêmes usages culinaires. Elle a sur l'é-
pinard l'avantage de se développer beaucoup en temps
de sécheresse. On sème ses graines vers la fin d'avril,
après les avoir mouillées durant sept ou huit jours,
afin d'en faciliter la germination. Pour prospérer,
cette plante demande une riche terre.

TOMATE. Cette plante condimentaire comprend un
assez grand nombre de variétés, parmi lesquelles
nous recommandons la tomate grosse hâtive. Sur
beaucoup de points de la France, elle prospère en
terrain découvert, mais dans un grand nombre de
localités, il convient de semer sa graine contre un
mur, à exposition chaude, vers la fin d'avril, et de
fumer faiblement.

CINQUIÈME CONFÉRENCE

Semis, transplantation ou repiquage, travaux d'entretien tels qu'arrosages, sarclages, binages, fumures supplémentaires, pincement, destruction des insectes.

Notre terrain est labouré et fumé; nous connaissons nos espèces et variétés de choix; nous n'avons donc plus qu'à ensemencer. Ici, nous devons observer trois conditions essentielles au succès : 1° choisir des graines de qualité irréprochable; 2° ne les répandre que sur un vieux labour, c'est-à-dire sur une terre naturellement tassée, ou bien, si nous sommes pressés de semer aussitôt après le labourage, prendre soin de fouler la terre avec les pieds, avec la batte ou avec le rouleau; 3° enterrer le moins possible les fines semences, quelquefois même ne pas les enterrer du tout et se borner à les fixer sur le sol.

Arrêtons-nous à cette troisième condition et four-

nissons un exemple : nous avons, je suppose, à semer
de la graine de pourpier ou de raiponce. Si nous la
recouvrons avec le râteau de bois, elle lèvera mal
ou ne lèvera point. A qui nous en prendrons-nous ? Au
grainier, quand, pour rendre hommage à la vérité,
nous ne devrions nous en prendre qu'à nous-mêmes.
Pour assurer la levée parfaite de cette fine graine,
contentons-nous de la fixer au sol, en la frappant,
soit avec le plat de la main, soit avec le fer de la
bêche, soit en nous servant de la pression du rouleau,
lorsque nous opérons sur de grandes surfaces. Puis,
si nous tenons à la recouvrir un peu, afin de la soustraire à l'intensité des rayons solaires, prenons du terreau, mettons-le dans un vieux panier et secouons ce
panier sur le semis. Cette légère couverture d'humus
entretiendra une fraîcheur favorable à la germination
et la levée se fera complète. Si vous ne recouvriez pas,
vous devriez nécessairement arroser fréquemment et
à petites doses, sans quoi la germination n'aurait
pas lieu. L'arrosage compte trois degrés. Arroser,
c'est donner de l'eau copieusement ; mouiller, c'est
arroser à un degré moindre ; bassiner, c'est arroser
à un degré moindre encore, uniquement pour dé-
gourdir la graine et l'obliger à germer. Dans le cas
dont nous venons de parler, le bassinage est préférable à la mouillure. La quantité d'eau à donner est
en raison directe de l'état de développement d'une
plante. Ici, nous ne voulons qu'éveiller un germe, un
embryon, et nous bassinons ; plus tard, quand la
plante sera, pour ainsi dire, sortie de l'œuf et com

mencera à vivre de ses propres racines et de ses propres tiges, nous la mouillerons de façon à lui procurer la quantité de séve nécessaire à son existence; enfin, quand la plante sera dans toute sa vigueur, nous devrons répondre à son appétit par un apport de vivres plus considérable, et nous arroserons, afin de dissoudre plus de sels et de faire par conséquent plus de séve.

A propos de graines menues, nous dirons que le semis présente quelques difficultés. Quoi que l'on fasse et si peu que l'on en prenne en apparence, il s'en trouve en réalité par centaines dans la main, et la répartition convenable devient réellement impossible. On en répand toujours trop, surtout lorsque l'on débute dans la carrière du jardinage. Vous aurez donc la précaution de mélanger les graines de pourpier, de raiponce et d'autres graines fines, que nous passons sous silence, avec de la terre légère ou du sable ou des cendres. Vous les diviserez ainsi et pourrez les semer ensuite dans cet état de mélange; il en lèvera toujours assez.

De ce que nous recommandons de maintenir les graines fines à la surface du sol, il ne s'ensuit pas qu'on doive, par voie d'induction, enterrer profondément les grosses graines sans exception. Parmi ces dernières, nous avons le haricot qui ne nous permet pas de tirer cette conséquence. Si vous le recouvriez trop, il pourrirait en temps de pluie, ou bien il aurait de la peine à soulever sa couverture de terre et à sortir.

D'ailleurs, en règle générale, même avec les graines un peu volumineuses, nous avons intérêt à recouvrir légèrement et à ne point dépasser la profondeur de quatre à cinq centimètres. La levée se fait mieux; sans doute, en retour, le terrain se dessèche plus vite au-dessus de la graine, et ceci peut empêcher la levée en temps de hâle ou de chaleur intense, mais nous pouvons arroser ou tout simplement étendre un lit de fumier sur nos planches. Il n'y a pas de meilleur moyen pour entretenir la fraîcheur et forcer la germination.

Maintenant, demandons-nous à quelle époque nous pouvons semer et comment nous devons semer. Pour ce qui regarde certaines plantes, comme la carotte et le panais, par exemple, rien ne s'oppose à ce que le semis ait lieu avant l'hiver, en octobre ou en novembre. La sémence ne bougera qu'à la sortie de la rude saison, mais huit ou dix jours plus tôt que si vous la répandiez au printemps. Si nous semions en septembre nous aurions une levée de jeunes plantes avant l'hiver, et le soulèvement du terrain par les alternatives de gel et dégel les détruirait. C'est moins la rigueur du froid que nous redoutons, que le soulèvement du sol qui déchire les attaches et jette les plantes dehors.

Bien certainement, nous avons quantité de graines potagères que le froid ne détruirait pas, qui passeraient l'hiver en terre, comme le panais et la carotte, mais d'après nos derniers essais, nous croyons prudent de nous en tenir à ces deux racines et d'ajourner au printemps et à l'été les autres semis.

3.

Nous avons des légumes qui passent plus ou moins bien la mauvaise saison et que nous transplantons à la sortie de l'hiver. Dans le nombre, nous citerons les choux. Pour cela, nous les semons dans la deuxième quinzaine d'août, nous les transplantons en pépinière vers la fin de septembre, ou en octobre, à trois ou quatre pouces seulement l'un de l'autre, et quand le temps est venu, nous enlevons les choux de cette pépinière pour les mettre à demeure, c'est-à-dire à la place où ils resteront définitivement pour poursuivre et achever leur développement. Les variétés de choux à semer avant l'hiver sont les Milans hâtifs, le chou d'York, le chou pain-de-sucre, le cabbage, la plupart des cabus blancs à feuilles lisses, les choux rouges et même des choux-fleurs, surtout les brocolis.

Nous venons de dire à quelle époque on doit semer. C'est la réponse à notre première question. Nous n'avons plus qu'à nous expliquer sur la manière de semer, et ce sera la réponse à notre seconde question.

Les semis se font en lignes ou à la volée. Les semis en lignes sont ceux que nous préférons, et pour les raisons que voici : — 1° ils exigent peu de graines; 2° ils facilitent les sarclages. Les semis à la volée exigent, au contraire, beaucoup de graines et nous entraînent, pour les sarclages, à des frais de main-d'œuvre considérables. Pour assurer la réussite des semis en lignes, il convient d'ouvrir des rigoles soit en traînant ou appuyant le pied, soit au moyen de baguettes ou de bâtons sur lesquels on marche. Les rigoles, ainsi faites, se trouvent tassées au fond et sur les côtés, ce qui, vous le savez, favorise la germination. S'il arrive que l'on ait affaire à des graines d'une levée tardive, comme les graines de carotte, de panais, etc., on y mêle de la semence de laitue ou de colza qui lève de bonne heure, marque bien les lignes et permet les sarclages. Sans cette précaution, les mauvaises herbes envahiraient la planche avant que l'œil pût découvrir les bons légumes.

Nous nous trouvons renfermé dans un cercle tellement étroit, que vous n'attendez pas de nous des menus détails de culture que vous trouverez dans tous les traités, et que vous comprendrez et appliquerez aisément. Les notions essentielles, réellement importantes et nécessitant des explications, sont les seules indispensables, les seules que nous devions enseigner.

Nous avons à parler à présent de la transplantation ou repiquage; et d'abord, quel est l'objet de cette transplantation? Nous ne l'exécutons pas uniquement pour le plaisir de l'exécuter, car elle nous prend du temps et nous n'en avons point à perdre. Nous l'exécutons par nécessité. Vous saurez que les plantes abandonnées à elles-mêmes ont une forte tendance à nous échapper et à retourner à l'état de nature. Cette tendance est d'autant plus prononcée que le légume a été plus amélioré par la culture. La laitue sauvage, le chou sauvage, n'ont pas, vous le pensez bien, les pommes que nous remarquons dans nos potagers. Nous les avons conduits à l'état de monstres en les cultivant, et nous ne les maintenons tels quels qu'à force de multiplier leurs racines, de les gorger d'engrais et de contrarier leurs propensions naturelles. Or, en transplantant, nous déchirons et taillons les racines, nous les forçons à en émettre de nouvelles, en sorte que plus il y a de bouches, plus grande devient la consommation d'engrais. Nous pourvoyons à cette consommation en enlevant la plante du lieu qu'elle occupait et qu'elle avait plus ou moins épuisé, et nous la reportons dans une place nouvelle richement fumée; puis nous arrosons au besoin pour la forcer à bien vivre. Si nous ne prenions pas ces précautions, si nous ne chicanions pas la nature de fois à autres, notre légume, maintenu en place depuis l'époque du semis jusqu'à la récolte de la graine, ne tarderait point à nous donner de la semence dégénérée qui le ferait retourner graduellement à son état primitif. C'est là ce que nous ne voulons pas. En somme donc, transplanter, c'est multiplier les racines, multiplier les besoins de la plante et remettre un second service sur la table d'un légume qui a consommé en grande partie le premier.

Quelques personnes, faute d'avoir su se rendre compte de l'opération, ont pensé qu'il convenait de se servir d'un déplantoir, afin d'enlever la plante avec la motte et de la placer dans un trou ouvert au moyen d'un emporte-pièce. De cette façon, les racines sont ménagées et l'on ne fait qu'exécuter un simple déplacement. C'est manquer le but. Ne craignez donc point que la terre se détache au moment de l'arrachage de vos plantes, et ne craignez point non plus de rafraîchir les racines avec la serpette, c'est-à-dire d'en tailler les extrémités. Seulement, taillez en même temps l'extrémité des feuilles. Voici pourquoi : la plante transplantée souffre en attendant la reprise, et même quand la reprise commence, les racines ne prennent pas autant de nourriture qu'avant l'arrachage. Elles ne sauraient nourrir toutes les feuilles, et du moment où nous diminuons les vivres, nous devons diminuer le nombre des convives.

Les plantes doivent être transplantées par un temps couvert ou pluvieux, ou tout au moins vers le soir. Un soleil vif les prive de leur eau de végétation, les fane, et cette eau ne saurait être remplacée qu'au moment de la reprise, alors que les racines reprennent de la sève. C'est le moment d'arroser fréquemment et plusieurs jours de suite.

L'eau que nous donnons aux plantes sert à deux fins : 1° à dissoudre les sels des fumiers et du sol et à les conduire dans les divers organes du légume ; 2° à réparer les pertes produites par l'évaporation. Toute feuille qui se fane au soleil a besoin nécessairement qu'on lui rende de l'eau pour remplacer celle que la chaleur lui a enlevée.

L'eau que nous employons pour les arrosages doit être à la température de l'atmosphère, plutôt plus chaude que plus froide. L'eau froide suspend, trou-

ble la circulation de la sève et nuit aux cultures; l'eau
chaude, au contraire, précipite, active cette circulation.

Au début et pendant le cours de la végétation, le
sarclage devient un travail de rigueur. Qui dit sarcler dit enlever les herbes inutiles, et enlever ces
herbes, c'est ménager du même coup l'engrais et
l'humidité du terrain. Plus tôt on sarcle, plus l'opération est avantageuse; malheureusement, dans les
semis à la volée, les sarclages se font toujours trop
tard, car on attend que les mauvaises herbes soient
déjà grandes pour y toucher. De la sorte, la besogne
est facile et expéditive. C'est fort bien, mais par cela
même que l'on attend, les mauvaises herbes dépen-
sent, pour se développer, une certaine quantité de
vivres qui ne leur étaient pas destinés, et il est clair
que si on les enlevait toutes petites, elles consomme-
raient beaucoup moins. Le sarclage, dans les semis
à la volée, ne permet pas qu'il en soit ainsi, mais
avec le semis en lignes, c'est différent. Dès que les
herbes inutiles marquent sur la terre et la verdis-
sent, il suffit de passer une ratissoire entre ces lignes
pour arrêter toute végétation nuisible. De plus, où
la ratissoire passe, les herbes supprimées restent,
pourrissent sur place et rendent à la terre ce qu'elles
lui ont pris. Avec le sarclage à la main, dans les semis à la volée, les herbes enlevées sont mises en tas,
données aux bêtes ou jetées sur les composts, en
sorte qu'il n'y a pas de restitution immédiate au sol.

Les sarclages ne sont point limités; leur nombre

dépend des saisons et de l'état des terrains. Quand
un sarclage ne suffit pas, on en fait deux, même trois
ou plus, selon les besoins. L'essentiel, c'est que le
sol soit toujours parfaitement nettoyé.

Le sarclage ne nous dispense point du binage, qui
consiste à remuer le sol avec une houe ou une serfouette. Nous avons déjà dit et nous répétons que le
binage a pour but de rompre la couche supérieure
de la terre, afin d'empêcher l'humidité souterraine
de se vaporiser trop vite. Un binage est rarement
suffisant dans le cours de la végétation d'un légume;
on en pratique deux et souvent trois avec avantage,
et toujours en temps de sécheresse.

Nous avons encore à signaler, parmi les travaux
d'entretien, les fumures supplémentaires. Si, dans
la grande culture, on ne fume qu'une seule fois par
an ou même une seule fois pour trois ou quatre ans,
il n'en est pas ainsi dans le jardinage. Nous ne lési-
nons pas avec l'engrais, et c'est à cette condition
seulement que nous obtenons des produits superbes.
Il nous arrive donc de fumer à diverses reprises,
comme si nous ne tenions aucun compte de la fumure principale. Quand une plante a exigé beaucoup
d'eau et usé par conséquent beaucoup d'engrais,
nous la fumons de nouveau; quand une planche est
appelée à porter plusieurs récoltes dans une même
année, nous la fumons à chaque semis ou à chaque
repiquage; quand les saisons sont très-pluvieuses et
que la pluie a lessivé le sol, nous fumons encore;
quand enfin la sécheresse est trop forte, nous met-

tons en couverture une couche de long fumier qui
sauvegarde le sol des rigueurs du soleil.

Nous n'en avons pas fini avec les travaux d'entretien : il nous reste encore à parler du pincement
des légumes et de la destruction des insectes. Pincer
un légume, c'est supprimer, de fois à autre, l'extrémité des tiges et des rameaux, afin de concentrer
la séve dans les parties voisines, de faire souffrir
légèrement la plante et de favoriser la fructification.
C'est ainsi que nous pinçons les fèves de marais et
les pois afin d'obtenir de plus belles gousses et d'en
hâter la maturité. Les jardiniers qui coupent les
feuilles des poireaux, qui nouent l'extrémité des
tiges de l'ail, qui couchent les fanes de l'oignon, qui
rompent à demi les feuilles de choux-fleurs pour
recouvrir la pomme, arrivent au même résultat que
par le pincement proprement dit, puisqu'ils modè-
rent ainsi la circulation de la séve au profit des parties essentielles du légume.

Peu de gens savent pincer convenablement une
plante. La plupart attendent qu'elle soit très-dé-
veloppée pour pratiquer l'opération et font ensuite
un retranchement considérable. Que s'ensuit-il ? C'est
qu'au-dessous de la partie retranchée, nous voyons
partir des rameaux anticipés. Ils ont déplacé trop de
séve en une seule fois.

Pour ce qui regarde la destruction des insectes,
nous savons peu de chose, et par conséquent il nous
reste beaucoup à apprendre. Ceux dont nous avons
le plus à nous plaindre, sont les altises qui attaquent

les légumes de la famille des Crucifères, au début de leur végétation, principalement, les chenilles, les limaces, les escargots ou hélices, les fourmis, les larves de taupins, les larves de hanneton, la courtilière, les vers de terre et les pucerons. En outre, nous avons à souffrir aussi des dégâts commis par les taupes, les rats et les campagnols.

Les altises, assez généralement connues sous le nom de puces de terre et d'alirettes, sont difficiles à combattre. On emploie contre elles la chaux fusée, la cendre de bois et les arrosages fréquents. Chacun de ces moyens a quelque mérite; cependant nous devons constater que les uns et les autres sont parfois impuissants. On a proposé l'emploi d'un instrument appelé puceronnière et qui consiste en une petite charrette, dont le fond très-rapproché du sol est recouvert de goudron liquide que l'on renouvelle de fois à autres. On fait passer cette puceronnière sur les récoltes infestées d'altises qui sautent et s'engluent au passage. Nous ne savons au juste ce que vaut cet instrument.

Les chenilles commettent de grands dégâts, parmi nos choux principalement. On a conseillé de semer du chanvre parmi les planches, d'étendre de la fougère et des rameaux d'aulne sur les légumes, de placer des coquilles d'œufs au-dessus de baguettes fichées en terre; on a proposé les arrosages avec de l'eau de savon noir, avec de l'eau salée, etc. Nous avons, pour notre compte, essayé de toutes ces recettes, puis nous les avons abandonnées, et aujour-

d'hui nous nous bornons à écheniller ou à faire
écheniller à la main et à écraser les œufs de papil-
lons que nous trouvons sous forme de plaques jaunes
sur les feuilles de nos choux, et surtout au revers
des feuilles. Les limaces sont très-redoutables sur
les terrains humides et dans le voisinage des haies.
Nous en avons de diverses grosseurs et de diverses
couleurs, les unes rouges, noires, jaunes, les autres
grises ou blanchâtres. Les plus grosses ne sont pas
celles que nous redoutons le plus, car on les découvre facilement et l'on s'en débarrasse en les écrasant du pied; mais avec les petites grises, c'est une
autre affaire. En les cherchant bien, on ne les trouve
pas toujours, et il n'est pas rare de voir disparaître
des touffes de haricots, des pieds de courges et d'autres légumes sans pouvoir mettre la main sur l'ennemi. Ce qu'il y a de mieux à faire, c'est d'entourer
les plantes de cendres vives et de charbon pilé; les
limaces redoutent le contact de ces substances et s'en
éloignent. On a recommandé aussi l'emploi de l'eau
salée et de la chaux en poudre.

Pour les escargots ou hélices, le mieux est de les
chercher dans leurs retraites, qui sont ordinairement les trous de murs, ou de les saisir sur les
plantes pour s'en défaire.

Les fourmis sont moins inoffensives qu'on ne le
suppose généralement, non-seulement à cause des
magasins qu'elles établissent sous terre, mais aussi
parce qu'elles attaquent les extrémités de certaines
plantes. Quand la fourmilière est isolée, on peut la

détruire avec de l'eau bouillante versée seule ou sur de la chaux vive, ou bien encore avec des charbons ardents; mais quand elle se trouve au pied d'un arbre ou au milieu d'un semis, il convient de recourir à d'autres moyens. Nous avons employé avec succès l'huile animale de Dippel qui éloigne assez promptement les fourmis, mais l'huile empyreumatique en question est d'un prix un peu élevé. Nous avons employé aussi les fioles d'eau miellée, et avec succès; malheureusement, l'effet est lent. On a recommandé enfin l'usage des pots à fleurs, dont on bouche le trou et que l'on renverse dans le voisinage des fourmilières. Les insectes s'y réfugient en très-grand nombre; leur destruction devient facile, et, au bout de trois ou quatre opérations, c'en est fait d'eux. Nous pensons que l'on pourrait tirer un excellent parti du goudron de houille, et nous en conseillons l'essai. Il nous semble qu'un verre ou un demi-verre de ce goudron suffirait pour déloger les fourmis de leurs retraites.

Les larves de taupins ou vers jaunes sont très-communes dans certaines localités et s'attaquent principalement aux racines des plantes maladives. Nous ne connaissons aucun moyen de nous en débarrasser, et nous en sommes réduit parfois à gratter la terre au pied de nos choux repiqués jusqu'à deux ou trois reprises, afin de les saisir avec la main et de sauver les plantes.

Quant aux larves de hannetons, il conviendrait d'encourager le destruction de l'insecte parfait;

malheureusement, elle n'est encouragée que dans
un petit nombre de localités. Dans cet état de choses,
nous ne pouvons qu'écraser les larves au fur et à
mesure que les labours nous permettent de les saisir.
On a conseillé de planter des fraisiers et de semer
de la laitue dans les terrains sujets aux ravages de
ces larves. Comme elles en sont très-friandes, elles
attaquent ces plantes de préférence à d'autres, et
dès qu'elles se fanent, on est à peu près sûr de mettre la main sur l'ennemi.

La courtilière ou taupe-grillon commet des dégâts très-importants dans les terres légères. D'ordinaire, on la détruit de la manière suivante : on verse
à l'orifice de sa galerie un peu d'eau, puis tout aussitôt un peu d'huile à brûler. L'insecte, empoisonné
ou asphyxié, sort promptement de terre et vient ex-
pirer au dehors. Dans ces derniers temps, on a conseillé de remplacer l'huile et l'eau par une décoction
de tourteau.

Les vers de terre sont redoutables dans les potagers humides et détruisent en peu de temps nos
plantes repiquées, surtout les jeunes choux. Quelques cultivateurs les trompent en éparpillant de
l'herbe fraîche parmi les repiquages ; d'autres arrosent avec de l'eau salée, afin de forcer les vers à
déloger ; d'autres encore arrosent avec de l'urine de
cheval ; d'aucuns enfin frappent sur des pieux aux
deux extrémités des planches, impriment ainsi des
secousses au sol, font monter les vers à la surface et
s'en emparent rapidement. Nous en savons même

qui ont la patience de leur faire la chasse en temps
de pluie, et pendant la nuit, avec une lanterne à la
main. Dans ce cas, il faut ramasser les vers très-
diligemment.

Les pucerons sont surtout à craindre dans les années de sécheresse. Ils s'attaquent à nos fèves de marais et à nos choux, dont ils contrarient beaucoup
la végétation. Les pucerons de la fève sont noirs;
les pucerons du chou sont verdâtres. Pour préserver
les fèves de leurs attaques, il est d'usage de pincer
les sommités pendant la floraison et d'enlever ainsi
les parties les plus tendres. Pour sauver les choux,
nous ne connaissons pas de moyen plus efficace que
l'emploi de l'eau salée. Une bonne poignée de sel de
cuisine dans un litre d'eau suffit. Lorsque le sel est
dissous, on trempe dans la dissolution un morceau
de flanelle ou un tampon d'ouate, et l'on en frotte légèrement les feuilles attaquées. Ce procédé nous a
rendu de bons services. C'est peut-être au frottement plutôt qu'à l'eau salée qu'on doit ce résultat.
On pourrait encore essayer de la fleur de soufre.

Les taupes bouleversent nos planches et nous cau-
sent de sérieuses inquiétudes. Il n'est pas toujours
facile de les prendre avec la houe; il devient coûteux d'employer les piéges, et, d'ailleurs, ces piéges
ne conservent pas longtemps leur ressort; les tau-
piers n'exercent pas partout leur industrie, et nous
n'avons pas toujours la ressource de pouvoir traiter
avec eux. Il s'agit donc de chercher d'au'res moyens
de destruction. L'un des meilleurs et des moins

coûteux, à notre avis, consiste à piler des vers de
terre, à les assaisonner de poudre de noix vomique
et à en former des boulettes que l'on jette dans leurs
galeries. On a conseillé également l'emploi du goudron de houille ; on assure qu'il suffit de tremper des
morceaux de bois dans ce liquide et de les planter
sur le parcours des taupes pour les éloigner immanquablement. Enfin, dans les contrées où le ricin croît
facilement, on fera bien d'en semer des graines, de
loin en loin, car cette plante a la réputation de faire
fuir les taupes. Personnellement, nous avons été té-
moin de résultats très-satisfaisants.

Les rats et les campagnols commettent aussi des
dégâts dans nos potagers. Les piéges ordinaires, les
pots vernissés en dedans, complétement enterrés et à
moitié remplis d'eau ; les graines de pois ou de froment empoisonnées avec de l'arsenic ou du sulfate
de strychnine, peuvent nous en délivrer. Parfois, les
campagnols sont si nombreux, qu'il convient de leur
faire la chasse sur une grande échelle. A cet effet, on
brûle des matières soufrées à l'ouverture de leurs galeries, et l'on chasse les vapeurs sous terre au moyen
d'un soufflet.

SIXIÈME CONFÉRENCE

Récolte, conservation et emploi des produits récoltés.

Quant aux plantes que nous récoltons journelle-
ment pour les besoins de la cuisine, nous n'avons
rien à dire ; nous ne nous occuperons que des racines, des pommes de terre et des choux, dont nous
faisons habituellement des conserves importantes.
En ce qui regarde les racines, telles que carottes,
betteraves, navets, etc., c'est d'ordinaire vers la fin
d'octobre ou au commencement de novembre que
nous les sortons de terre. Nous devons choisir, pour
cela, un temps sec, n'en commencer l'arrachage que
vers dix heures du matin et l'interrompre vers trois
heures de l'après-midi. Les racines doivent être étendues sur le sol pendant deux ou trois heures au moins.

afin qu'elles aient le temps de se bien ressuyer.
Nous avons à faire la même recommandation
pour les pommes de terre. Ces précautions prises,
on pourra, ou les remettre de suite en cave, ou, ce
qui vaut mieux, les étendre d'abord pendant une
quinzaine de jours sous un hangar ou dans une
grange. Mais admettons qu'on doive encaver de suite
les racines et les pommes de terre. On commencera
par les dégager de leurs fanes, puis l'on s'arrangera
de façon à établir le mieux possible des courants d'air
parmi les tas. C'est le seul moyen de prévenir la
pourriture et de retarder la pousse. Voici pourquoi :
— la pourriture, de même que la germination, est
le résultat d'une fermentation. Pour qu'il y ait fermentation, il faut trois choses : de l'air, de l'humidité
et un certain degré de chaleur. Supprimez une de
ces trois choses, et la fermentation ne pourra se faire.
Il est clair que nous ne pouvons pas supprimer l'humidité dans nos caves et que nous ne pouvons pas
davantage supprimer l'air. Reste donc le degré de
chaleur. Nous pouvons empêcher celui-ci de se produire, du moment où nous renouvelons l'air de la
cave avec soin. Par conséquent, nous pouvons prévenir jusqu'à un certain point et la pourriture et la
pousse.

Les tubercules et les racines sont des êtres vivants,
et la preuve c'est qu'en les replantant à la fin de
l'hiver, ils reprennent racine et donnent des tiges.
Or, tout être vivant, végétal ou animal, donne de la
chaleur, et cette chaleur devient d'autant plus forte

que les racines sont plus nombreuses, plus serrées
les unes contre les autres, et que l'air a plus de peine
à circuler parmi elles. Si donc, nous entassons nos
pommes de terre et nos racines sans précaution, il
se développe dans les tas une température élevée
qui ne tarde pas à produire de fâcheux effets. On dit
alors que les produits s'échauffent, et l'on est tout
surpris de voir ces produits émettre des tiges étiolées
dès le courant de janvier, sinon plus tôt. L'échauffe-
ment est d'autant plus certain qu'il est d'usage de
fermer soigneusement les ouvertures des caves dès
les premières gelées et de ne point les ouvrir même
pendant les journées tièdes. Maintenant que nous
connaissons les causes du mal, il s'agit de les faire
disparaître, et le mal disparaîtra nécessairement en
même temps.

Prenez donc la précaution de placer des claies sur
des bûches de bois, puis d'élever sur les claies en
question une sorte de cheminée d'appel, faite gros-
sièrement avec trois morceaux de planches, ou bien
contentez-vous d'un fagot de gros bois sec qui permettra la circulation de l'air. Enfin, séparez les
claies du mur de la cave avec de la ramille, de la
paille de colza ou même de la paille de céréales. Cela
fait, versez vos pommes de terre sur les claies et
n'élevez pas trop le tas. L'air circulera librement
parmi les tubercules, et, grâce à son renouvellement
continuel, vous n'aurez rien à craindre. Il va sans
dire que vous aurez la précaution, en outre, d'ouvrir les fenêtres des caves pendant les journées

4

tièdes de l'hiver, et que vous n'y laisserez plus constamment du foin ou du fumier.

Pour ce qui regarde les carottes, les betteraves et les navets, il est prudent de les disposer par petits tas de faible épaisseur et de les éloigner des murs, toujours en vue de maintenir parfaitement la circulation de l'air parmi ces racines. Les carottes longues conviennent surtout pour les conserves, parce qu'on peut les disposer bout à bout sur deux longueurs, à la manière du bois de corde.

Quoi que l'on fasse pourtant, les navets tendres ou demi-tendres, arrivés à leur complet développement, sont de difficile garde dans la cave. Aussi, quand nous voulons en réserver pour porte-graines, nous avons la précaution de les semer tardivement, dans le courant d'août, par exemple, pour qu'ils n'arrivent pas au développement complet avant l'hiver, puis nous ouvrons au jardin des silos de quarante à cinquante centimètres de profondeur; nous y mettons nos racines, une à une, en ayant soin qu'elles ne se touchent pas, et nous recouvrons de terre.

Du reste, la conservation en silos convient à toutes les autres racines et aux pommes de terre. Il suffit seulement de choisir une partie sèche du terrain, d'y ouvrir une fosse circulaire de quinze à vingt centimètres de profondeur tout au plus pour servir de base au tas, d'y empiler tubercules et racines en forme de cône, de coiffer ce cône d'une gerbe de paille, de recouvrir de terre, légèrement d'abord, puis fortement à mesure que les gelées deviennent rigoureuses. Ces conserves ont l'avantage de ne pas s'échauffer et de passer la rude saison sans inconvénients.

Pour ce qui concerne les choux, il importe de ne pas attendre la gelée pour les rentrer ou les conserver d'une manière quelconque. En cave, ils sont sujets à pourrir; au grenier, ils se conservent un peu mieux, mais ils laissent encore beaucoup à desirer. Le procédé qui nous a le mieux réussi consiste tout simplement à ouvrir des rigoles dans le jardin, à y placer les choux la tête en bas et à les couvrir de terre. Dès que les fortes gelées ne sont plus à craindre, ou au fur et à mesure des besoins, on les sort des silos pour les vendre ou les consommer. Quelques personnes ouvrent également des rigoles, y placent leurs choux, les pieds dans ces rigoles et la tête hors de terre et inclinée vers le nord. Elles recouvrent jusqu'aux premières feuilles avec la terre extraite d'une seconde rigole, et ainsi de suite jusqu'à ce que la provision soit casée, après quoi elles recouvrent d'un toit léger qui ne s'oppose pas à la circulation de l'air.

Quant à l'emploi des produits récoltés, la plupart d'entre vous le connaissent pour ce qui concerne les légumes cultivés habituellement dans le pays; mais comme dans la liste des espèces et variétés que nous avons donnée précédemment, il se rencontre des légumes d'un usage très-peu répandu, il nous paraît convenable d'appeler sur eux votre attention. Ainsi les courges, dans certaines contrées du Nord, sont

considérées comme de simples objets de curiosité qui
figurent parfaitement dans un jardin à fleurs. Ainsi,
vous ne connaissez point le crambé maritime ou chou
marin et seriez fort en peine d'en tirer parti; enfin vous ne connaissez peut-être pas davantage la
rhubarbe comestible; donc, il est bon que vous
sachiez que, dans certaines contrées, notamment
dans l'est, le centre et le midi de la France, on fait
une consommation considérable de courges, sous
forme de soupes, de tartes, etc. Quant au crambé,
c'est un légume hors ligne, bien autrement précieux
que le précédent et tellement recherché sur les meilleures tables anglaises, que nous ne comprenons pas
l'oubli dans lequel on le laisse ici. On l'obtient de
graines ou d'éclats, et la seconde année, dès que l'on
aperçoit ses pousses, on butte chaque pied avec de
la terre sèche jusqu'à ce que les pousses en question
soient un peu recouvertes. Au bout de deux ou trois
jours, les jets se font jour à travers la terre et il
convient de recharger la butte pour recouvrir de
nouveau, et ainsi de suite jusqu'à ce que les jets aient
atteint une longueur de dix-huit à vingt centimètres.
Par cela même qu'ils ont végété souterrainement,
ils sont tendres, étiolés, cassants, et c'est le moment
de les consommer. A cet effet, on saisit la butte par
la base et on la démolit avec les mains. Si on la dé-
molissait par le sommet, ou romprait par petits
morceaux tous les jets de crambé, tandis qu'en pro-
cédant par la base, on les conserve intacts. Une fois
la butte défaite, on coupe toutes les pousses, à l'ex-

ception de deux ou trois petites et en ayant soin de
ne pas offenser le pied mère. On lave délicatement
ces pousses; on les jette dans l'eau bouillante pendant quelques minutes, afin de diminuer leur âcreté
naturelle, et, après cela, on les prépare au blanc
comme les choux-fleurs. On laisse les pieds récoltés
à l'air et au soleil pendant quatre ou cinq jours, et
on les arrose avec de l'engrais liquide bien affaibli.
Dès que leur végétation reprend, c'est-à-dire au bout
du délai indiqué, on reforme la butte comme précédemment et l'on obtient assez vite une seconde récolte. Rien n'empêchera d'en prendre une troisième
par les mêmes moyens. Après cette troisième récolte,
la souche, tourmentée dans son développement, devra être abandonnée à elle-même. On la laissera donc
se développer à l'air. Seulement, par cela même
qu'elle aura beaucoup souffert, elle aura de la tendance à se mettre de suite à fleurs. On devra, par
conséquent, la surveiller et couper les boutons à mesure qu'ils se formeront, afin de favoriser la crois-
sance des feuilles. Quant aux pieds destinés à donner
de la graine, on ne les assujettira à aucune récolte.

Les plantations de crambé durent sept ou huit
ans en bon rapport, et, pendant ce temps, des rejets
partent des racines en grand nombre et permettent
de renouveler les plantations par éclats.

Un dernier mot maintenant sur le compte de la
rhubarbe. La partie verte des feuilles, relevée avec
un peu d'oseille, peut être mangée sous forme d'é-
pinards; les pétioles ou queues des feuilles sont

4.

d'autant plus recherchés pour la préparation des tartes qu'ils sont précoces et arrivent avant les groseilles. Il suffit de peler ces pétioles très-légèrement, de les couper par morceaux, de les jeter dans l'eau bouillante, de les en tirer au bout de quelques secondes, de les égoutter et de les étendre sur la pâte. Une fois la tarte cuite, on ajoute du sucre ou de la cassonade.

SEPTIÈME CONFÉRENCE

Des divers moyens de multiplier les plantes, de la fabrication des graines de choix et des soins à leur donner.

Les moyens employés pour la multiplication des plantes potagères sont le semis, l'éclatement et le bouturage, mais les deux premiers sont le plus souvent mis en usage. Si, par l'éclatement, nous multiplions d'ordinaire l'artichaut, l'oseille, le crambé, la rhubarbe et d'autres légumes encore, il n'en reste pas moins vrai que la graine joue le plus grand rôle dans l'œuvre de reproduction, et que les sujets venus de graines sont toujours plus beaux et plus robustes que ceux venus d'éclats.

Notre attention se portera donc principalement sur la question du semis.

Toutes les fois que nous avons affaire à des plantes que la main de l'homme n'a pas trop modifiées, et qui sont encore très-voisines de leur état sauvage, la

reproduction ne présente pas de difficultés sérieuses.
Il suffit de choisir les sujets les plus vigoureux et de
prendre sur ces sujets les semences les mieux conformées, qui sont toujours les premières mûres.
Ainsi, pour la mâche ou doucette, le persil commun,
le cerfeuil commun, la raiponce, l'oseille, l'arroche
belle-dame, la courge, le crambé, le cresson alénois
ou passerage, l'épinard, la tétragone, la fève, le haricot, la poirée, le pois commun, la pomme de terre
le pourpier vert, la rhubarbe, les choux non-pommés,
les laitues à couper, la sarriette, etc., etc., plantes
plutôt naturelles qu'artificielles, s'il est permis de
s'exprimer de la sorte, rien n'est plus aisé que leur
multiplication. Elles tiennent d'autant moins à retourner à l'état sauvage qu'elles en sont plus rapprochées et que la main de l'homme ne leur a pas fait
violence. C'est pourquoi nous ne les transplantons pas
pour assurer la qualité de la graine.

Mais s'agit-il de plantes forcées par la culture et
plus ou moins artificielles, ces plantes ont une tendance telle à nous échapper, à retourner à leur
état primitif, à dégénérer, selon nous, que nous devons procéder à leur égard, comme procèdent les
éleveurs de races artificielles d'animaux à l'endroit
de ces races. Nous devons les transplanter au moins
une fois, souvent deux et même trois fois, afin de
multiplier leurs racines, de développer leur appétit et de renouveler l'engrais à leur pied. Ces procédés n'ont rien de commun avec ceux de la nature
qui ne connaît pas de transplantation. C'est pousser

à la pléthore, à l'excès d'embonpoint. Ainsi, supposons qu'au lieu d'avoir affaire à du persil commun que nous ne transplantons pas et dont la graine n'en reproduit pas moins fidèlement le type, nous ayons affaire à du persil frisé qui se trouve plus éloigné de l'état sauvage que le premier ; nous devrons nécessairement transplanter les porte-graines, sans quoi les feuilles ne tarderaient pas à perdre leurs caractères distinctifs. Il en est de même avec le cerfeuil frisé qui exige également la transplantation. Supposons d'autre part, qu'au lieu d'avoir à multiplier la poirée ordinaire, nous ayons à opérer sur la bette à cardes qui n'est en définitive qu'une poirée commune forcée par la culture ; nous serons tenus encore de transplanter ; autrement, les côtes se rétréciraient promptement. Quel est le pois le plus éloigné de l'état naturel ? C'est évidemment la variété ridée de Knight ; aussi est-ce cette même variété qui a le plus de propension à dégénérer et qu'en Ardennes, par exemple, nous sommes forcés de repiquer pour avoir de bons reproducteurs. Le pourpier doré à grandes feuilles, qui est un produit forcé par la culture, revient très-vite à l'état de pourpier vert à petites feuilles, si l'on n'a soin de transplanter ses porte-graines. Les choses se passent de la même manière quant aux betteraves, carottes, panais, salsifis, scorsonères, céleris-navets, chicorées à grosses racines, chicorées frisées et scaroles, choux pommés, laitues pommées, navets, etc., etc. En ce qui regarde les choux, nous avons une observation déterminante à

signaler ; la voici : les choux de Milan qui, assurément, sont très-éloignés de leur état naturel, peuvent
fournir de bonnes graines à la suite d'une simple
transplantation, mais le chou de Bruxelles, qui est
un chou de Milan plus éloigné encore de l'état naturel que le Milan commun, ne produit pas aussi
sûrement ses semences de choix, et c'est pour cela
que tant de sujets de cette variété donnent des ro-
settes qui ne s'encapuchonnent pas et de grosses têtes
à feuilles cloquées au sommet de la tige ; c'est pour
cela que des jardiniers français assurent que la semence du chou de Bruxelles réussit mal sous le climat de Paris et qu'il convient de s'en approvisionner
à Malines ou à Lierre. C'est une erreur : il suffit de
transplanter les pieds deux fois de suite à quinze
jours d'intervalle, par exemple, de supprimer la
tige et de ne choisir la graine que sur les branches
latérales pour s'assurer de leur excellente qualité.

En conséquence, il reste donc bien entendu que
plus une plante a été contrariée par la culture et dé-
rangée de sa voie normale, plus il y a de précautions
à prendre pour assurer la bonne qualité de sa semence, et que ces précautions consistent principalement en repiquages des porte-graines.

Nous ferons remarquer, en outre, toujours pour
ce qui concerne les légumes, que les graines des
branches principales sont supérieures en qualité à
celles des branches secondaires, que les premières
mûres sont ordinairement les meilleures et donnent
les produits les plus précoces, que celles en gousse

ne se valent pas indistinctement et qu'il convient de préférer les semences du millieu de la gousse à celles des deux extrémités. Nous ferons remarquer également que pour les graines disposées sur un axe allongé, telles que celles de la betterave ou de la bette poirée, elles sont meilleures vers la partie moyenne de l'axe qu'en dessous et à l'extrémité supérieure.

Il est de rigueur enfin d'éloigner l'un de l'autre les porte-graines de la même espèce ou du même genre.

Passons maintenant à la pratique des choses, et procédons par ordre alphabétique :

L'arroche ou belle-dame se multiplie d'elle-même ; le vent se charge d'en semer les graines. Seulement toutes les fois que vous cultiverez côte à côte la variété blonde et la variété rouge, vous aurez immanquablement des métis.

L'asperge ne donne de bonnes graines qu'au bout de cinq ou six ans de plantation. Pour les obtenir, vous laisserez monter les plus beaux turions des premières pousses, non des dernières, comme font à tort la plupart des jardiniers. Quand les baies seront bien rouges, vous les écraserez dans un peu d'eau pour en séparer les graines noires que vous ferez sécher au soleil.

Les racines de betteraves qui conviennent le mieux pour porte-graines ne sont pas les plus volumineuses, ce sont les moyennes. Les plus volumineuses sont des produits forcés ; les plus petites sont des produits dégénérés; les moyennes maintiennent donc plus fidèlement la race. Vous les replanterez à la sortie de l'hiver, et dès que les graines se formeront, vous pincerez l'extrémité des rameaux graniféres pour modérer la végétation.

Vous transplanterez les céleris porte-graines au moment de l'arrachage; vous les couvrirez de feuilles sèches ou de paillassons; vous les découvrirez au printemps et les entourerez de fumier frais d'étable ou de porcherie. En septembre, vous prendrez la semence sur les branches principales.

Quant au cerfeuil, vous pouvez le semer en toute saison, mais les meilleurs porte-graines sont ceux qui proviennent des semis de septembre, qui s'enracinent bien et s'endurcissent pendant l'hiver. Le cerfeuil de printemps souffre trop de la chaleur et monte trop vite à graines pour donner quelque chose de bon. Pour ce qui regarde le cerfeuil frisé, vous aurez soin de le repiquer ainsi que nous l'avons conseillé plus haut.

Pour faire de la graine de carotte, on peut ou mettre de belles racines de côté pour les replanter à la sortie de l'hiver, ou tout simplement ensemencer une planche dans le courant d'août et recouvrir les jeunes plantes pendant l'hiver avec des feuilles sèches. L'hiver passé, on enlève les jeunes racines, on choisit et l'on repique les mieux conformées. La semence doit être prise sur les plus larges ombelles.

Pour ce qui concerne les choux pommés, vous marquerez ceux qui portent des têtes bien régulières et bien serrées; vous enlèverez ces têtes pour la consommation et ne garderez que les pieds. Vous transplanterez ceux-ci dans le courant d'octobre et en bonne terre; vous ferez bien de les transplanter encore à la sortie de l'hiver, après quoi, vous les laisserez monter à graines en ayant soin de soutenir les tiges et les branches principales avec des tuteurs.

Pour les choux-fleurs, vous sèmerez en août, vous repiquerez en octobre; vous ferez passer l'hiver aux plantes sous un abri quelconque; vous marquerez au printemps ceux qui porteront les plus belles pommes; vous ombragerez ces pommes avec de larges feuilles pour qu'elles ne durcissent point et vous enlèverez l'abri dès qu'elles feront mine de monter. Vous arroserez souvent et pincerez l'extrémité des branches fleuries.

Pour les choux-raves, vous conserverez les plus beaux sujets en cave ou au cellier, les pieds dans la terre ou dans le sable. A la sortie de l'hiver, vous leur donnerez de l'air et du jour pour que les pousses ne s'étiolent pas, et aussitôt que le temps le permettra, vous les transplanterez au potager.

Les chicorées frisées ne sont pas faciles à multiplier. Ce qu'il y a de mieux à faire, c'est de les semer tardivement, de les soustraire à la gelée par des abris et de les repiquer au printemps. On en perd beaucoup.

On procède de la même manière avec les scaroles, mais il est plus aisé de réussir.

En ce qui regarde la multiplication du concombre,

5

il convient de laisser mûrir parfaitement les fruits sur place et de n'en retirer la graine que lorsqu'ils commencent à pourrir.

La semence de courge doit être prise sur les fruits bien mûrs, non pourris, dans la partie exposée au soleil, pas ailleurs.

La graine de crambé se récolte sur des pieds provenant de semences, non d'éclats, et dont les premières pousses n'ont pas été étiolées pour la consommation. Les crambés de trois ans sont ceux qui donnent la meilleure graine.

Les épinards d'automne, c'est-à-dire qui passent l'hiver en terre, conviennent tout particulièrement pour la semence. Ceux qui proviennent de semis de printemps ne conviennent pas.

Les fèves de marais qui fournissent la meilleure semence sont celles qui ont été repiquées; cependant les autres ne sont pas à dédaigner. Vous vous attacherez aux longues gousses.

Les haricots nous fournissent leurs graines l'année même de leur plantation. Il est rare qu'on les repique; cependant il serait quelquefois bon d'agir ainsi avec les variétés sujettes à dégénérer. Les gousses les plus longues, les mieux fournies, les premières mûres, sont à préférer.

Les laitues de printemps, à l'exception de celle à cordon rouge, ne donnent facilement leurs graines qu'à la condition d'être cultivées sous châssis en hiver, et repiquées sous cloche dès qu'elles pomment. Pour les laitues d'été, c'est différent. On les sème en

mars ou avril, à bonne exposition ; on transplante les
plus beaux pieds et on laisse monter à graines ceux
qui donnent les plus belles pommes. Pour s'assurer
de la bonne qualité de la semence, qui mûrit très-
irrégulièrement, il est nécessaire de pincer les graines au fur et à mesure qu'elles mûrissent, et qui dit
pincer dit enlever avec les ongles. Sans cette précaution, les premières graines mûres, qui sont les meilleures, tombent à terre ou sont mangées par les petits
oiseaux. Les bonnes ménagères les récoltent aussi
en mettant devant elles un tablier qu'elles relèvent
d'une main par les deux bouts, tandis que de l'autre
main elles abaissent les porte-graines et les secouent
dans le tablier. Pour faire la graine du commerce,
on attend qu'une partie des graines soit mûre ; on
arrache les pieds, on les fait sécher au soleil, puis
on les bat et on vanne. De cette façon, la récolte se
compose de graines mûres, de graines à moitié mûres
et de graines qui ne le sont point du tout. Les unes
ne lèvent pas, les autres forment mal leurs pommes,
le petit nombre seulement réussissent.

La mâche ou doucette présente assez de difficultés
pour la récolte de la semence. A peine mûre, elle se
détache et tombe à terre ; en sorte que nous perdons
régulièrement ce qu'il y a de mieux. Il est d'usage
d'enlever les plantes et de laisser la maturation s'accomplir au grenier ou sous un hangar. On obtient
ainsi des graines d'une couleur blanchâtre, mais
beaucoup sont de qualité douteuse. Pour les avoir
bonnes et irréprochables, il faut laisser la mâche

mûrir sa semence sur place, enlever ensuite les tiges, balayer la graine avec la terre des planches et jeter les balayures dans un baquet d'eau. La graine surnage et la terre va au fond du baquet. On enlève la semence et on la fait sécher au soleil. Souvent alors et quelque soin que l'on prenne, elle conserve une couleur terreuse qui n'est point admise dans le commerce, mais qui n'en est pas moins un indice de qualité supérieure.

Passons aux navets. Vous sèmerez tardivement ceux que vous destinerez à servir de semenceaux, afin qu'ils n'aient pas le temps de prendre leur développement complet avant l'hiver. Vous les conserverez au potager dans des rigoles de cinquante centimètres de profondeur environ. A la sortie de l'hiver, vous replanterez les plus belles racines, en éloignant le plus possible les diverses variétés l'une de l'autre ; vous soutiendrez les tiges et les branches avec des tuteurs et supprimerez les pousses tardives qui se mettent à fleurs aux dépens des graines déjà formées. Quelques jours avant la maturité, vous surveillerez de près les semenceaux, attendu que les petits oiseaux les ravagent avidement.

Pour la semence d'ognons, vous prendrez quelques beaux ognons au grenier, à la sortie de l'hiver, et les planterez dès que les fortes gelées ne seront plus à craindre. Pendant le cours de la végétation, vous donnerez des tuteurs aux tiges, et, en août ou septembre, quand les enveloppes des graines s'ouvriront, vous couperez les têtes, vous en ferez des bottes et les mettrez sécher à l'ombre, la tige en bas, et au besoin même au soleil. Aussitôt séchées, vous les égrènerez entre les mains.

Vous récolterez votre graine d'oseille sur des plantes de semis, non d'éclats. La première récoltée sera la meilleure.

Vous ferez votre graine de panais comme nous avons recommandé de faire la graine de carotte. Ceux qui conservent les semenceaux de panais en terre pendant l'hiver pour les laisser monter à fleurs au printemps sans les repiquer, ont tort. Voici pourquoi : parmi ces racines en terre, il en est de défectueuses, de difformes. Or, comme la graine hérite des défauts ainsi que des qualités des mères, il est impossible de compter sur de la graine de choix. Pour répondre de la chose, il faut nécessairement avoir vu les racines mères.

Pour le persil, vous prendrez les graines sur les principales ombelles. Quant au persil frisé, la transplantation est de rigueur.

Pour le poireau, vous mettrez en jauge ou en rigole les plus beaux pieds. Ils passeront ainsi l'hiver. Vous les replanterez au printemps et les conduirez avec des tuteurs comme les semenceaux d'ognons.

En ce qui regarde la poirée ou bette à cardes, vous la sèmerez en mars ou avril; vous la repiquerez dans le courant de juin, lui ferez passer l'hiver sous des abris et la traiterez ensuite comme les porte-graines de betteraves.

Quant aux pois, le repiquage n'est de rigueur que

pour les variétés sujettes à dégénérer. Pour les pois ordinaires, vous choisirez les plus longues gousses, les mieux fournies et les premières mûres.

Le pourpier surprend souvent le cultivateur. Dès que l'on s'aperçoit de la maturité des premières graines, on incline les tiges et on les secoue sur des feuilles de papier. C'est une opération à renouveler tous les deux ou trois jours. Beaucoup de personnes les arrachent, les font dessécher au grenier et les battent ensuite.

La graine de raiponce doit être récoltée sur de beaux pieds provenant de semis exécutés vers la fin de juin.

Pour les radis gris et noirs ou raiforts cultivés, on sème en juin, on récolte en octobre, on conserve quelque temps les racines dans du sable frais, on replante les plus belles à l'approche des gelées et à une certaine profondeur; on recouvre de feuilles mortes ou de paille et l'on découvre en mars.

Pour les radis de printemps, on les sème de bonne heure et à bonne exposition et l'on transplante les plus jolies racines aussitôt formées, afin d'en faire des porte-graines.

Beaucoup de mauvais jardiniers prennent la semence de scorsonère sur des pieds maladifs et se mettant à fleurs la première année. C'est de la mauvaise graine. Pour en faire de bonne, il convient que les scorsonères restent en terre pendant un an. Au printemps de l'année suivante, on les arrache, on choisit les racines irréprochables quant à la forme et on les transplante à quinze ou vingt centimètres de distance. Les aigrettes blanches annoncent la maturité de la semence.

Ajoutons, en terminant, que, pour être de qualité supérieure, les graines doivent être parfaitement mûres et que la maturité doit se faire autant que possible sur pied.

On a dit que pour beaucoup de légumes, les graines de deux et de trois ans valaient mieux que celles de l'année même; nous ne partageons pas cette opinion. Si parmi les graines de l'année, beaucoup sont sujettes à monter, c'est que dans le nombre, beaucoup n'ont pas atteint leur maturité parfaite. On sème ainsi des sujets malades qui ont hâte de se reproduire. Avec la graine vieille, les sujets malades ont eu le temps de mourir dans le sac et nous n'avons plus affaire qu'à des semences bien conditionnées. C'est parce que l'on fait la part des mortes que l'on a toujours soin de nous recommander de semer les vieilles graines plus serrées que les graines nouvelles.

Pour les plantes qui doivent nous donner de la graine à consommer, il y a peut-être avantage à préférer la vieille semence à la nouvelle; mais, pour les plantes qui doivent nous donner beaucoup de feuilles, nous devons accorder la préférence à la graine nouvelle; complétement mûre, elle a nécessairement plus de vigueur que l'autre.

ARBORICULTURE FRUITIÈRE

HUITIÈME CONFÉRENCE

Notions essentielles de physiologie végétale.

Rien qu'avec la parole ou avec la plume, il n'est pas aisé de former de bons cultivateurs d'arbres; il faut s'aider du dessin, ou, ce qui vaut mieux encore, prendre ses outils et enseigner au jardin, avec les arbres devant soi; c'est vous dire assez que nos conférences sur l'arboriculture fruitière laisseront beaucoup à désirer et qu'elles ne porteront d'excellents fruits qu'avec l'aide de la pratique.

Quoi qu'il en soit, servons-nous le mieux possible de nos petites ressources, et posons clairement les bases essentielles de l'art qui fait l'objet de notre étude.

Et d'abord, commençons par le commencement : avant de se livrer à la culture des arbres, il faut se procurer les outils nécessaires. Ces outils sont la bêche pour ouvrir les fosses et cultiver au pied des arbres, la houe pour certains labours, la serpette et le sécateur pour la taille; la scie à main ou égohine pour se défaire des grosses branches ou enlever les parties mortes; le greffoir pour préparer les scions à greffer ou lever les écussons; le fendoir pour ouvrir les sujets destinés à recevoir les greffes, quand ces sujets sont trop gros pour être fendus avec la serpette.

De même que le chirurgien doit connaître les différents organes du corps avant de se livrer aux opérations, de même le cultivateur doit connaître les différents organes d'un arbre et sa manière de vivre avant de s'occuper à le conduire. Celui qui saurait bien comment la séve circule dans les végétaux, arriverait, rien que par le raisonnement, à découvrir les principes sur lesquels repose la taille des arbres et à poser des règles, dans le cas où ces principes et ces règles ne seraient point connus. Celui, au contraire, qui ne soupçonne point la marche de la séve, qui n'a pas les moindres notions de physiologie végétale, opérera forcément en aveugle, comme fait un ébrancheur de haies ou de peupliers.

Parlons donc un peu de la séve et de sa marche à travers les tissus végétaux : — Voici un jeune pied d'arbre, avec ses racines, ses branches et ses feuilles. Nous allons commencer par le disséquer, en nous

servant, bien entendu, d'un langage plutôt familier
que scientifique. Nous tenons surtout à nous faire
comprendre, et, pourvu que nous réussissions, les
moyens employés auront assez de mérite.

Nous voyons d'abord à la partie tout à fait exté-
rieure de notre tige d'arbre, ce que l'on appelle la
grosse écorce ou la peau principale. Si nous fendons
cette écorce et la soulevons, nous voyons en dessous
une seconde peau, plus ou moins verte, que les gens
de la science appellent *liber*, parce que liber est un
mot latin qui signifie livre, et que cette seconde peau
est justement composée de feuillets pareils à ceux
d'un livre, quoique plus fins, puisque nous ne les
distinguons que difficilement l'un de l'autre. Si,
maintenant, nous soulevons cette seconde peau,
nous arrivons au bois blanc que l'on nomme aussi
aubier. En pénétrant dans l'aubier, nous arrivons
graduellement au bois de formation plus ou moins
ancienne et nous finissons par atteindre la partie la
plus dure, désignée sous le nom de cœur du bois.
Quelquefois, pourtant, ce cœur du bois est occupé
par la moëlle.

Si nous passons de la tige aux branches, nous trouvons exactement la même disposition et de plus, à la
base de chaque feuille, un petit bourrelet que nous
appellons *gemme* ou *œil*, mais que nous appellerons
dorénavant *bourgeon*. Tantôt ce bourgeon s'éteint,
s'endort; tantôt il se développe, s'allonge et donne un
rameau avec de nouvelles feuilles et de nouveaux
bourgeons. Ce rameau devient plus tard, par l'effet

de l'âge, ce que nous appelons une branche. Les feuilles qui accompagnent les bourgeons sont considérées comme les poumons de l'arbre, parce qu'elles prennent dans l'atmosphère l'air nécessaire à la vie de cet arbre. Cela est si vrai, qu'un arbre, privé de ses feuilles accidentellement, soit par la voracité des chenilles, soit par une maladie, souffre très-visiblement.

Si, des branches, nous passons aux racines, nous voyons là les parties destinées à prendre la nourriture dans la terre et à fixer l'arbre à demeure.

Pour que les racines de l'arbre prennent les vivres, il faut que ceux-ci soient dissous ou fondus dans l'eau. Quand l'eau manque, la végétation s'arrête nécessairement; quand l'eau ne manque pas, elle se poursuit régulièrement. Une fois la nourriture liquide dans le corps de la racine, elle subit vraisemblablement quelques modifications et prend le nom de séve. C'est ce qui a fait dire que l'engrais liquide était de la séve toute faite. Cette séve monte des racines dans toutes les parties de l'arbre par des conduits de diverses formes que nous nommons canaux séveux. Mais par où monte-t-elle et en vertu de quelles forces? C'est ce que nous allons voir. En s'élevant, elle passe par le bois tendre et d'autant plus facilement que les conduits sont mieux ouverts. Quand le bois est par trop durci au cœur, les passages sont fermés et c'est surtout par l'aubier que la circulation se fait. Il n'est pas rare de voir des arbres pourris à l'intérieur et vivant bien néan-

moins. La séve monte en vertu de plusieurs forces,
de la pression de l'air qui la chasse vers les parties
où l'évaporation a fait des vides, comme il chasse
l'eau dans un corps de pompe dont on a soulevé le
piston; en vertu de la propriété qu'ont les liquides
de s'élever au-dessus de leur propre niveau dans
les conduits d'un très-petit diamètre, c'est-à-dire par
l'effet de la capillarité; en vertu de la propriété
qu'ont les liquides plus légers que la séve et ren-
fermés dans des cloisons perméables, de passer à
travers ces cloisons pour monter dans les liquides
plus lourds; en vertu, enfin, et surtout, d'une force
inexpliquée et probablement inexplicable que l'on
appelle la force vitale. Cette force vitale se révèle surtout dans les bourgeons ou yeux des arbres. Ce sont
ces bourgeons qui appellent impérieusement la séve;
et plus il y en a, plus l'appel est énergique. Otez
les bourgeons et la circulation de la séve s'arrêtera et
l'arbre périra. Vous remarquerez que la séve se porte
principalement aux extrémités des rameaux et des
branches, et que les bourgeons de ces extrémités
sont ceux qui en avalent le plus au préjudice des
bourgeons inférieurs. Cela tient à ce qu'il y a plus
d'yeux sur toute la longueur d'une branche que sur
une partie de cette branche, et que la séve se porte
où elle se trouve appelée par le plus grand nombre
de forces réunies.

La séve, arrivée dans les bourgeons, les développe
en rameaux et reçoit l'influence de l'air par l'inter-
médiaire des feuilles. Alors elle perd une partie de

son eau, se modifie, s'épaissit et redescend, non plus, bien entendu, par où elle est montée, mais entre le bois blanc et le liber. Pour le prouver, il suffit d'enlever un anneau d'écorce à une branche ou de la serrer avec une ligature ; d'une façon comme de l'autre, le passage se trouve interrompu et l'on voit se former, soit au-dessus de l'anneau enlevé, soit au-dessus de la ligature, un bourrelet qui n'est autre chose qu'un amas de séve descendante qui se convertit en aubier et en liber, puisque c'est cette séve qui a pour objet de faire tous les ans du nouveau bois et d'accroître ainsi le diamètre des tiges et des branches. Cette séve descendante est souvent désignée sous le nom de *cambium*.

A présent que nous savons ou croyons savoir que la séve monte surtout par le bois tendre et redescend entre le bois tendre et le liber, nous ne devons plus être en peine de la conduite de nos arbres fruitiers qui, en définitive, n'est autre chose que le gouvernement de la séve.

Plus cette séve circule activement, plus elle développe de bois et de feuilles ; quand, au contraire, elle se ralentit dans sa circulation, par suite de l'âge de l'arbre, ou par d'autres causes, elle a de la tendance à former de la fleur et du fruit. Ce fruit et cette fleur peuvent être le résultat de l'âge mûr des végétaux, comme le résultat d'un état de gêne ou de souffrance.

Partant de là, rien n'est plus facile que de ralentir ou d'activer à volonté la marche de la séve. Si nous

trouvons qu'une branche en prend trop et grossit
à l'excès, tandis que la branche voisine n'en prend
pas assez et reste faible, nous pouvons, ou entailler
l'empâtement de la grosse branche en dessous et
couper ainsi les conduits par où la séve circule dans
l'aubier, ou bien encore nous pouvons supprimer
une partie de la grosse branche, par conséquent
une partie des bourgeons qui appelaient la séve.
C'est une erreur de croire qu'en taillant court une
branche on lui donne de la force, car c'est précisément le contraire qui arrive. Et en effet, plus nous
conservons de bourgeons et de rameaux, plus nous
faisons monter de séve et plus, par conséquent, nous
en faisons descendre pour fabriquer de l'aubier. Les
arbres ébranchés des pieds à la tête et ne conservant
plus à leur sommet qu'une houppe ou panache de
feuilles, ne sauraient grossir vite. Si nous voulons,
au contraire, donner de la force et du diamètre à
une branche faible, nous lui laissons tous ses bourgeons et ne la taillons pas. Il va sans dire que nous
parlons d'une branche faible chargée de bourgeons
à bois et non d'une branche faible chargée de bourgeons à fruits. Nous pouvons encore modérer la circulation de la séve dans un arbre rien qu'en cour-
bant quelques branches. En leur imprimant cette
courbure, nous rétrécissons les canaux séveux du
dessous de la branche, nous étirons jusqu'à la fatigue
ceux du dessus, nous déterminons ainsi une gêne,
un malaise, et la séve, appelée moins énergiquement,
se traîne plutôt qu'elle ne court et donne ainsi plus

volontiers de la fleur que de la feuille. Faire souffrir quelques organes d'un arbre, c'est faire souffrir
tout le corps de cet arbre, voilà pourquoi, il suffit
de courber deux ou trois petites branches sur un
arbre trop vigoureux pour l'obliger à fructifier.

Nous pouvons encore jeter de la séve dans une
branche faible en incisant la tige de l'arbre au-
dessus du point où cette branche s'y attache. L'incision coupe les conduits de la séve, empêche les
bourgeons supérieurs d'en trop prendre et force cette
même séve à répondre à l'appel des bourgeons de la
branche que l'on tient à favoriser.

NEUVIÈME CONFÉRENCE

De la multiplication des arbres fruitiers par le semis, le marcottage, le bouturage et le greffage.

Toutes les espèces et variétés que nous possédons, proviennent de graines, soit qu'elles aient été semées naturellement, soit qu'elles l'aient été par les oiseaux ou par l'homme. Néanmoins, les semeurs d'arbres sont rares et se comptent plutôt parmi les amateurs que parmi les pépiniéristes de profession, à moins cependant qu'il ne s'agisse d'obtenir des sujets pour le greffage.

Le semis des arbres fruitiers n'est pas sûrement lucratif, surtout quand il s'agit des fruits à pepins. S'il peut arriver que pour quelques graines nous obtenions plusieurs variétés précieuses, il peut arriver aussi que de plusieurs milliers de pepins, il n'en sorte pas une seule de mérite. Il y a donc trop de

mauvaises chances à courir pour pratiquer le semis
à titre d'industrie. On abandonne ce travail à des
hommes de goût et d'initiative qui peuvent s'imposer
des sacrifices et essuyer des déceptions sans trop en
souffrir. La Belgique cite avec orgueil un certain
nombre de ces amateurs, et, en première ligne, le
célèbre Van Mons, qui a enrichi la pomologie natio-
nale de gains très-estimés. Van Mons est le premier qui ait songé à régénérer nos arbres fruitiers
au moyen de semis successifs. A cet effet, il prenait,
autant que possible, les graines sur des arbres
gagnés récemment, semait ces graines, attendait
que les sujets eussent porté fruit, reprenait des
graines sur ces sujets, les semait de nouveau, attendait que les jeunes arbres eussent fructifié, et conti-
nuait ainsi les semis sans interruption, jusqu'à ce
que les produits eussent perdu leurs caractères
sauvages. Le succès a répondu aux promesses de
sa théorie.

Le marcottage est un procédé de multiplication,
dont les cultivateurs d'arbres fruitiers usent très-mo-
dérément. Nous ne marcottons guère que la vigne et
les espèces destinées à nous fournir des sujets pour
la greffe. Marcotter un arbre, c'est prendre une de
ses branches, la tordre avec précaution, la coucher
en terre dans une rigole rapprochée de la souche,
l'y maintenir à l'aide de crochets en bois, la recouvrir de terre et tailler, sur deux ou trois bourgeons,
l'extrémité de la branche marcottée. La partie mise
en terre développe, avec le temps, des racines, et

les développe d'autant plus vite qu'il s'y trouve des
bourgeons, ou que des incisions ont été pratiquées
sur la branche. Au bout d'un an ou de dix-huit mois,
selon les cas, la marcotte est en mesure de se suffire,
de vivre de sa propre vie. Alors on songe à la sevrer,
c'est-à-dire à la détacher du pied mère. Pour cela,
on ne la détache pas en une seule fois, parce que ce
serait supprimer trop brusquement l'apport de vivres
que la mère fait à l'enfant, et la marcotte pourrait
en souffrir. On se borne, en premier lieu, à couper
au tiers la branche marcottée, à l'endroit où cette
branche entre dans le sol ; huit ou dix jours après,
on coupe plus avant ; et quinze jours plus tard, à
peu près, on achève l'opération d'un coup de serpette.
Grâce à ce sevrage graduel, la marcotte se soutient
fort bien. Parfois, l'on marcotte sans s'occuper du
sevrage. C'est ce qui arrive avec les ceps de vigne
que l'on couche entièrement dans les provins. Ordinairement les sarments enterrés s'enracinent, et
il vient un moment, où n'ayant plus besoin des secours de la souche, celle-ci meurt et pourrit.

On marcotte fréquemment les cognassiers pour en
obtenir des sujets destinés à recevoir les greffes de
poirier. À cet effet, on scie la tige du cognassier assez
près de terre, et dès que la séve émet des pousses
au-dessous de la partie coupée, on la recouvre de
terre fine, de façon à former graduellement une
butte. Les jeunes cognassiers s'enracinent dans cette
butte, et au bout d'un an environ, on les détache
pour les mettre en pépinière. Cette façon de procéder s'appelle le marcottage par cépée.

Il n'est pas absolument nécessaire de coucher les branches dans le sol pour obtenir des marcottes enracinées; rien n'empêche de marcotter à diverses hauteurs. Il suffit pour cela de fixer un appui dans la terre, de le couronner d'une planchette, d'y attacher un pot fendu sur le côté et d'introduire par l'ouverture en question les rameaux élevés que l'on tient à marcotter. Une fois le rameau couché dans le pot, on remplit celui-ci de bon terreau, on charge de mousse humide, on mouille souvent et l'on obtient l'enracinement comme si l'on opérait en pleine terre.

Dans les vignobles, le marcottage se nomme provignage ou provignement, et la fosse où l'on marcotte provin.

Le bouturage est un autre moyen de multiplication, qui diffère du marcottage en ce que le rameau bouturé est détaché du pied mère avant l'opération. Ainsi, quand nous prenons un sarment de vigne, un rameau de groseillier, un rameau d'osier, et que nous les mettons en terre au printemps, nous opérons le bouturage. La partie coupée et les bourgeons qui se trouvent enterrés émettent des racines assez promptement, si l'on a soin de les mouiller à propos pour réparer les pertes que produit l'évaporation. Chez nous, le bouturage se pratique assez rarement, et, par conséquent, nous n'avons pas à nous en occuper longuement. Le seul conseil que nous ayons à donner, c'est d'écraser la partie de la bouture destinée à être mise en terre, de la ramollir pendant quel-

qués jours ou même quelques semaines au contact
de l'eau, comme font les vignerons qui tiennent, le
pied dans la rivière, les paquets de sarments destinés à faire des chapons ou boutures; c'est enfin
de coucher légèrement la bouture en l'enterrant, au
lieu de la tenir perpendiculaire. Avec les boutures
perpendiculaires, la séve se porte trop vite vers les
bourgeons de l'extrémité, développe beaucoup de
feuilles et très-peu de racines, ce qui est un mal;
avec les boutures inclinées ou couchées, la séve circule moins vite vers l'extrémité et fait des racines en
proportion des feuilles. Nous ne bouturons pas nos
arbres fruitiers à pepins ou à noyaux, ce qui ne veut
pas dire qu'il serait absolument impossible de les
multiplier par ce moyen. Ainsi, on arriverait à la
rigueur et avec de la patience à bouturer des rameaux
de pommier, de poirier, etc., en pratiquant d'abord
l'incision annulaire pour déterminer la formation
d'un bourrelet d'aubier, et en plantant le rameau
muni du bourrelet en question. Ce procédé a été
conseillé à diverses époques, mais il ne s'étend point
dans l'application, parce qu'il entraîne des soins et
une perte de temps considérables. Il est plus simple
et plus facile de recourir au greffage.

Tout dernièrement encore, on prônait le bouturage du cerisier, et l'on assurait qu'en mettant des
rameaux de cet arbre dans un vase rempli d'eau, il
s'y formait à la longue de petites racines ou filets, et
qu'aussitôt ces racines formées, on pouvait planter
avec la certitude de réussir. Nous n'avons point fait

d'essai de ce procédé; nous nous bornerons donc à l'indiquer en passant.

Le greffage qui, tout bien considéré, n'est qu'un bouturage fait dans le bois vivant, est le moyen de multiplication le plus rapide, le plus avantageux et par conséquent le plus suivi.

Nous ne traiterons pas de tous le modes de greffage développés et conseillés par les auteurs. Nous nous en tiendrons aux principaux qui sont : 1° le greffage par approche; 2° le greffage en fente ou en poupée; 3° le greffage en couronne; 4° le greffage en écusson ; 5° le greffage en sifflet.

Avant de passer à la pratique de ces diverses opérations, nous ferons remarquer que les sujets destinés à recevoir les greffes doivent être du même genre ou tout au moins de la même famille que la greffe. Plus la parenté est proche, moins la nature est contrariée dans son œuvre, et plus le succès est certain. On greffera donc le poirier sur sauvageon de poirier, sur franc de poirier, autrement dit sur un sujet provenant de pepins de poires cultivées, ou bien enfin sur cognassier qui est de la même famille. Il n'en est pas moins vrai que ces greffes sur cognassier sont moins à leur aise que sur les sauvageons ou les francs, et le prouvent en vivant moins et en fructifiant plus tôt.

On greffera le pommier sur sauvageon des bois ou franc de pommier provenant d'un pepin de pommiers cultivés, pour avoir des arbres vigoureux, ou bien sur doucin, autre espèce de pommier sauvage, pour

avoir des arbres de moyenne taille; ou bien enfin
sur un pommier sauvage, dit paradis, pour avoir des
arbres de très-petite taille.

On greffera le prunier sur franc de prunier ou
prunellier des haies, l'abricotier sur prunier, et sur
franc d'abricotier, le pêcher sur amandier, prunier
ou même prunellier et sur franc de pêcher. En Belgique, le prunier convient mieux que l'amandier,
tandis qu'en France l'amandier est préféré au
prunier, à partir du climat de Paris en se dirigeant
vers le Midi.

On greffera le cerisier sur sauvageon des bois ou
sur franc de cerisier, provenant des noyaux de la
cerise cultivée ou sur bois de Ste-Lucie.

On greffera le néflier sur aubépine, pour les
terrains secs, et sur cognassier pour les terrains
frais.

Il est convenable de ne placer les greffes que sur
des sujets bien enracinés, non sur des sujets fraî-
chement arrachés que l'on replante après le greffage.
Les sujets n'ont pas d'influence très-marquée sur la
qualité des fruits; ils ne font que communiquer aux
greffes leur plus ou moins de vigueur. (Cependant,
par exception, on affirme que le cognassier a beaucoup d'influence sur la forme, le coloris et la qualité
des poires nouvelles). Ainsi, un sujet de haute taille
communiquera sa taille à la greffe, de même qu'un
sujet moins haut réduira la taille des greffes prises
sur des pieds élevés. Les sujets qui se plaisent en
terrain sec nous permettront d'élever dans ce même

terrain des variétés qui, franches de pied, eussent recherché un terrain frais ; des sujets qui se plaisent en terrain frais, comme les cognassiers par exemple, nous permettront d'y produire des variétés de poires qui, franches de pied, eussent affectionné des terrains secs. L'arbre y végétera bien ; seulement, nous ferons observer que sous les climats humides les fruits perdront en qualité, au dire des meilleurs praticiens.

Les greffes que nous nous proposons d'insérer sur les sujets dont il vient d'être parlé, doivent être choisies sur des arbres sains et sur des branches verticales exposées au midi. Des greffes prises sur des arbres malades héritent de la maladie de famille. Les greffes pourront avoir de un à deux ans, mais celles d'un an sont préférables, car elles sont plus tendres et reprennent avec plus de vigueur. Celles de deux ans sont moins sûres quant à la reprise, ont moins de force, fructifient plus tôt que les précédentes et meurent plus tôt aussi.

Pour ce qui regarde le greffage en fente, nous prendrons nos rameaux ou scions sur les arbres mères au moment de la taille, c'est-à-dire en février ou mars.

Nous les prendrons au sommet de l'arbre mère pour faire des haut-vents vigoureux ; vers le centre et même plus bas, pour faire des pyramides et autres formes à taille courte ; toujours au sommet sur les arbres de semis, afin d'éviter les épines. Nous ferons des bottes de ces rameaux que nous étiqueterons, et nous placerons ces bottes dans la cave, debout contre le mur et le pied dans du sable frais ou bien encore complétement enterrés au jardin. Cela vaut mieux que de les ficher en terre au pied de l'arbre qui les a fournis et où ils reçoivent les fâcheuses influences atmosphériques de la sortie de l'hiver. Dans le cas cependant où les caves seraient trop chaudes, on conserverait les greffes à l'air en les abritant avec des paillassons. On assure qu'il est de toute nécessité de faire jeûner ces rameaux plusieurs semaines avant de les greffer; mais nous ne savons jusqu'à quel point l'assertion est exacte, car il nous est arrivé de couper des scions et de les greffer tout aussitôt avec succès.

Passons maintenant à la pratique des différents modes de greffage. La nature nous a fourni le modèle de la greffe en approche, et, en effet, il n'est pas rare de rencontrer dans les forêts ou dans les haies des branches rapprochées les unes des autres, usées par le frottement et solidement soudées. Pour imiter cette greffe, il suffit d'élever l'un à côté de l'autre deux sujets de même force ou à peu près, de les croiser à un moment donné, d'enlever une partie d'écorce et un peu d'aubier sur l'un et sur l'autre, de mettre les plaies en contact et de ligaturer; dès qu'un bourrelet se forme au-dessus des parties réunies, la soudure est bien avancée. Il s'agit alors de sevrer la greffe dans le voisinage de cette soudure. Pour cela, on l'incise d'abord au tiers de son épaisseur, huit jours après, aux deux tiers, et enfin, quinze jours ou trois semaines après, on ampute complétement. Il ne reste plus qu'à supprimer la tête du sujet au-dessus de la soudure, afin que la séve ne se détourne point de ses voies et se reporte entièrement dans la greffe. Les cultivateurs d'arbres fruitiers utilisent bien rarement ce procédé. Ils n'ont recours à la greffe par approche que pour regarnir les branches dénudées de quelques arbres, notamment du pêcher et du cerisier. A cet effet, et dès que la séve de printemps commence à remuer, ils saisissent des rameaux vigoureux, à proximité de ces branches dénudées, les couchent sur elles, pratiquent les entailles et les fixent.

Le greffage en fente ou en poupée est le plus généralement exécuté et le plus solide. On le pratique à toute hauteur, mais, le plus ordinairement, à douze ou quinze centimètres au-dessus du sol. Pour cela, on scie le sujet au printemps, dès que les bourgeons des arbres commencent à se gonfler; puis on unit la plaie avec la serpette, parce que les plaies unies guérissent mieux que les plaies déchirées par les dents de la scie. Cela fait, on applique le taillant de la serpette sur le milieu du sujet amputé, et l'on fend ce sujet en imprimant à la lame un mouvement de bascule qui lui permet de couper les écorces au lieu de les déchirer. Dès que l'ouverture est assez profonde pour l'insertion de la greffe, on retire la serpette et l'on tient les parties ouvertes, à l'aide d'un petit coin en bois dur. On prend alors un des scions conservés en cave et on le divise par morceaux portant chacun trois ou quatre bourgeons. Chaque morceau de rameau est taillé en lame de couteau à partir du des-

sous du premier œil et sur une longueur convenable.
La taille doit être faite avec une lame de greffoir
bien tranchante, autrement les plaies ne seraient
point unies et la reprise deviendrait difficile. On
aura soin, enfin, de ménager à la naissance de cette
lame de couteau un cran de chaque côté qui permettra d'asseoir solidement la greffe sur le sujet. Le
scion préparé, on l'introduira dans l'ouverture du
sujet et de façon à ce que les *liber* se raccordent ou
s'ajustent parfaitement, et, de crainte de manquer
l'opération, on inclinera légèrement la tête du scion
sur l'axe du sujet. Ainsi, on sera sûr que les *liber*
se toucheront sur quelque point. Il ne restera plus
qu'à ligaturer avec un brin d'osier ou tout simplement avec de la grosse laine filée et non retordue, ou
des enveloppes de cigares, ou des feuilles de massette
et à recouvrir avec de l'onguent de Saint-Fiacre qui
se compose d'un mélange de terre argileuse et de
bouse de vache. Rien n'empêchera de maintenir cet
emplâtre au moyen d'un linge. Quelques praticiens
se contentent de rouler des étoupes dans l'onguent
de Saint-Fiacre et de ligaturer leur greffe sans employer de linge. Voilà ce que l'on appelle la greffe en
fente à un scion. La greffe en fente à deux scions se fait
exactement de la même manière, mais sur des sujets
un peu gros, dont les plaies ne se recouvriraient
point à l'aide d'une seule greffe. Au moment de la
pleine végétation, on peut faire un choix entre les
deux scions, arrêter la pousse du plus faible par des
pincements répétés et le supprimer tôt ou tard.

Soit que l'on pratique le greffage en fente ou tout autre greffage, il convient nécessairement de commencer les opérations par les arbres qui végètent les premiers à la sortie de l'hiver et de les finir par ceux qui végètent en dernier lieu.

Le greffage en fente peut être encore exécuté vers la fin de l'automne et même, assure-t-on, jusque dans le mois de décembre, pourvu qu'il ne gèle point. Il reste assez de séve en mouvement pour souder la greffe au sujet, et elle n'en part que mieux au printemps suivant.

Enfin, on ne greffe pas seulement des rameaux à bois par le procédé que nous venons d'indiquer, on peut encore greffer des rameaux à fleurs sur les branches d'un arbre, mais dans les parties voisines du sommet de cet arbre.

Le greffage en couronne se fait quand les arbres sont en pleine séve, alors qu'il devient possible de séparer facilement les écorces de l'aubier. Dans ce cas particulier, on emploie comme précédemment les rameaux conservés en cave; seulement, pour les maintenir en bon état, il convient de leur mettre le pied dans une pâte d'argile et de les entourer de mousse mouillée légèrement. Nous supposons donc nos arbres en état d'être greffés en couronne. Nous les amputons avec la scie et les unissons à la serpette comme pour le greffage en fente. Après cela, nous détachons les écorces de l'aubier avec la spatule de notre greffoir, puis nous taillons des greffes en biseau, sur un seul côté, et en ménageant un petit

cran à leur base. Cela fait, nous insérons les greffes
en question entre l'aubier et le liber du sujet, nous
ligaturons et mastiquons par-dessus, soit avec l'onguent de Saint-Fiacre, soit avec les cires à greffer
froides ou chaudes, qui ne le valent pas. Plus le sujet
est gros, plus il convient d'y placer de greffes, car
un petit nombre, deux ou trois, par exemple, ne suf-
firaient pas toujours pour absorber la séve, s'engor-
geraient et périraient. On en met ordinairement de
quatre à huit, quitte à enlever plus tard celles qui
ne conviennent pas et à ménager ce qu'il y a de
mieux. Le greffage en couronne est surtout applicable aux grosses branches et aux gros sujets qui
auraient trop à souffrir du greffage en fente ; aussi
s'en sert-on ordinairement pour rajeunir, comme l'on
dit, les vieux arbres de verger.

On désigne encore sous le nom de greffage en
couronne de côté, une opération qui nous paraît
très-mal dénommée, et qui consiste à insérer, sous
l'écorce d'une branche dénudée, des rameaux taillés
comme pour la greffe en couronne ordinaire.

Le greffage en écusson, ou oculation, ou inoculation, comme l'on dit encore, est très-expéditif et
très-employé pour les arbres à fruits à noyaux, parce
qu'il n'occasionne pas de plaies aussi considérables
que les opérations précédentes. Il va sans dire qu'elle
réussit tout aussi bien sur les arbres à fruits à pepins que sur les autres.

On greffe en écusson à deux époques différentes
de l'année : 1° quand la séve de printemps est dans

toute sa force; 2° à la séve d'août. L'écussonnage du printemps est dit à œil poussant, parce que le bourgeon donne et mûrit son rameau la même année. L'écussonnage d'août est dit à œil dormant, parce que le bourgeon ne fait que se souder la première année et ne se développe en rameau qu'au printemps suivant.

Avec l'écussonnage, on prend ses greffes au moment même de l'opération, greffes qui consistent en un bourgeon ou œil détaché avec une plaque d'écorce et un peu d'aubier. Ces écussons doivent être pris sur des rameaux d'un an et ayant poussé dans une direction verticale. Pour les lever, on se sert de la lame d'un greffoir et, au fur et à mesure que l'on avance sous l'œil, on l'enfonce pour ne point l'offenser. Soit que l'on écussonne au printemps, soit que l'on écussonne en août, on coupe l'écorce du sujet transversalement, puis perpendiculairement, de façon à former un T. Ensuite, avec la spatule du greffoir, on soulève l'écorce des deux côtés et l'on insère l'écusson, sur lequel on rabat les écorces soulevées d'abord, et que l'on maintient avec de la laine filée, mais non retordue. On doit avoir soin de ne pas engager le bourgeon de l'écusson sous la laine et de le laisser bien à découvert. On peut faire l'incision en forme de ⊥ renversé. L'application de l'écusson devient moins expéditive, mais il se trouve mieux abrité contre l'eau des pluies.

L'écussonnage de printemps aussitôt exécuté, on coupe la tête du sujet au-dessus de la greffe qui,

nécessairement, doit partir de suite, si, bien entendu,
l'on a eu soin de laisser, sur le sujet et un peu au-
dessus de la greffe, un œil ou bourgeon d'appel.
Avec l'écussonnage d'août, on ne supprime point la
tête du sujet immédiatement ; c'est pourquoi le bourgeon dort, en attendant la suppression qui doit avoir
lieu au printemps suivant.

Le placage est un véritable écussonnage. Voici en
quoi il consiste : on découpe, sur un rameau ou une
branche, une plaque d'écorce munie à son milieu
d'un œil ; puis on enlève sur le sujet une plaque d'é-
corce de même dimension ; on substitue la première
à celle-ci, on ligature et l'on mastique, et le placage
est fait.

Le greffage en sifflet convient principalement au
châtaignier, au mûrier et au noyer. Pour le pratiquer, on enlève un anneau de la greffe ayant, bien
entendu, un bourgeon vers le milieu de sa longueur ;
après cela, sur un rameau de même grosseur du
sujet, on enlève également un anneau un peu plus
long que le précédent, on remplace l'un par l'autre ;
on écrase quelque peu les bords du bois qui dépasse
la greffe, afin de l'empêcher de sortir au moment de
la reprise, alors que la séve tend à la chasser dehors.
Souvent on n'enlève pas l'anneau du sujet ; on se
borne à découper l'écorce de haut en bas par lanières fines ; on rabat ces lanières, on insère l'anneau de la greffe, puis on relève les lanières sur cet
anneau et on ligature.

Nous avons passé sous silence, et à dessein, quantité de procédés de greffage qui font les délices des amateurs, mais qui ne valent ni plus ni moins que ceux dont il vient d'être question et qui suffisent largement à nos besoins.

DIXIÈME CONFÉRENCE

Arbres et arbrisseaux à cultiver. Plantation des arbres et principes généraux de la taille.

Les arbres que nous cultivons, sont : le poirier, le pommier, le prunier, le cerisier, le pêcher, l'abricotier, l'amandier, le cognassier, le noyer, le châtaignier, le sorbier domestique, le néflier. Quant aux arbrisseaux, nous mettons en première ligne la vigne ; puis viennent les groseilliers, framboisiers et vinettiers.

Nous ne nous permettons pas de désigner, parmi ces espèces, les variétés qui nous paraissent mériter la préférence, parce que nos désignations, justes ici, pourraient ne point convenir ailleurs ; parce que tel fruit, dont la saveur nous plaît, pourrait ne point convenir aux autres. Nous savons par expérience à quoi nous en tenir sur ces deux points. Des arbres qui, au dire des connaisseurs, ne devaient point réussir chez nous, ont très-bien réussi, tandis que d'autres, qui devaient réussir sûrement, nous ont donné les plus tristes résultats.

Il faut que je vous entretienne à présent de la plantation des arbres, qui me paraît être la chose essentielle, puisque de cette opération dépend presque toujours la belle venue, la durée des sujets et la bonne qualité des fruits. Beaucoup croient savoir planter un arbre, mais en réalité très-peu le savent, et, de là, quantité de mécomptes.

Il convient d'abord de choisir son terrain, de s'assurer qu'il a de la profondeur, qu'il n'est ni trop argileux ni trop humide et qu'il est exposé de façon à bien recevoir les heureuses influences de l'air et du soleil, du soleil surtout, ce qui revient à dire que les expositions au midi et au levant doivent être souvent préférées à celles du nord et du couchant. Cependant, ne poussons pas trop loin l'exclusivisme, car certaines variétés ne s'y déplaisent point et y prospèrent même. Il est vrai qu'elles constituent l'exception.

A notre avis, les terrains qui donnent les meilleurs fruits, sont ceux de nature calcaire et siliceuse; la chair y prend plus de ton, la saveur y devient plus sucrée, la coloration y est plus belle. Après ces terrains, viennent les sols de toute nature, pourvu qu'ils soient bien ameublis, bien divisés. Nous ne redoutons que les terrains compactes, tels que les argiles fortes, et les terrains mouillés, comme les marais et les tourbières.

Si nous avions à choisir entre une terre légère qui ne renfermerait pas la moindre trace de pierraille et un terrain caillouteux, nous prendrions ce dernier de préférence à l'autre, parce que les arbres fructifient difficilement dans le premier et assez régulièrement dans le second. C'est parce que ce résultat est bien connu que, dans certaines localités, il est d'usage de mêler de la pierraille à la bonne terre au moment de la plantation.

Un terrain destiné à recevoir les arbres fruitiers doit être défoncé préalablement à une grande profondeur, afin d'assurer aux racines leur libre développement; mais il est bien rare que l'on fasse ce travail préparatoire. On se borne, la plupart du temps, à ouvrir de petites fosses, au moment de planter.

Il est temps de se dégager de cette mauvaise pratique. Les fosses doivent être ouvertes six mois ou trois mois au moins avant la plantation; on doit donner à chacune de ces fosses deux mètres de côté sur un mètre de profondeur, ou tout au moins un mètre cube. La bonne terre que l'on en extrait sera placée sur l'un des bords; la terre infertile du dessous sera mise à part sur un autre bord; il importe que la confusion n'ait pas lieu.

Ces dispositions prises, vous planterez à l'automne ou au printemps, mais plutôt à l'automne. Les plantations de printemps ne sont réellement admissibles que dans les terrains frais, bien qu'à la rigueur elles puissent réussir dans les terrains secs, si l'on a soin de mêler un riche terreau à la bonne terre.

Soit que vous tiriez vos arbres des pépinières, soit que vous les éleviez vous-mêmes, vous vous arrangerez de façon.que, après l'arrachage, ils conservent leurs racines dans toute leur longueur. A cet effet, on les enlève de la pépinière en ouvrant des jauges de chaque côté et en minant avec soin. Mais quelques précautions que l'on prenne, on offensera toujours quelques racines. Avant de replanter, vous ferez ce que l'on appelle la toilette de l'arbre, autrement dit, vous enlèverez avec la serpette les racines éclatées ou déchirées, et, pour cela, vous taillerez toujours en dessous, parce qu'en taillant en dessus les racines émises par la plaie seraient obligées de décrire une courbe pour s'enfoncer dans la terre. Vous allongerez le biseau de la taille. Les plaies nettes se cicatrisent mieux que les déchirures et les meurtrissures. D'un autre côté, les coupes allongées favorisent l'émission d'une grande quantité de chevelu. Si vous retranchez peu aux racines, vous retrancherez également peu aux rameaux ; vous n'en taillerez que l'extrémité. Si au contraire, vous aviez affaire à des racines très-mutilées, il serait nécessaire de tailler les rameaux très-courts, parce qu'il y a des rapports très-intimes entre ces organes des deux extrémités de l'arbre. Plus vous avez de racines fonctionnant bien, plus vous pouvez nourrir de branches, parce qu'après la reprise, ces racines apportent beaucoup de vivres ; mais du moment où, pour une cause ou une autre, vous faites de fortes suppressions, vous diminuez nécessairement l'apport des vivres et devez par cela même diminuer le nombre des convives. Dans le cas où la transplantation des arbres arrachés serait retardée par une cause quelconque, on devrait rafraîchir le chevelu avec la serpette ou même le supprimer pour provoquer l'émission d'un chevelu nouveau.

La toilette de notre arbre est achevée; il ne s'agit plus que de planter. A cet effet, nous tirons avec la pioche, au fond de la fosse, la bonne terre mise en réserve sur l'un des bords, et si cette bonne terre n'est pas en quantité suffisante, nous nous en procurons ailleurs, ainsi que des débris de fumier de vache, pourris à l'extrême. Lorsque cette bonne terre est en quantité suffisante, nous la foulons un peu avec les pieds, pour avancer le tassement, après quoi nous y plaçons notre arbre qui ne doit pas être plus enterré qu'il ne l'était dans sa pépinière, à moins cependant que nous n'ayons affaire à un terrain très-poreux et très-brûlant. Nous tournons les grosses racines du côté du nord, afin d'en modérer le développement, et les petites du côté du midi, afin de l'activer. Puis, nous cherchons dans la direction des vents dominants, un intervalle entre les racines. Au milieu de ce vide, nous plantons une baguette qui nous indique la place du tuteur.

Cela fait, deux personnes deviennent nécessaires pour continuer la plantation. L'une soutient l'arbre de la main gauche et occupe la droite à étendre la terre, que la seconde personne jette par petites quantités à la fois sur les racines. Il convient de ne laisser aucun vide sous ces racines. Dès qu'elles sont parfaitement recouvertes et que la bonne terre est épuisée, on achève de combler la fosse avec la terre vierge ou infertile, mise à part, vous vous le rappelez, et qui, au bout de quelques années s'améliorera au contact de l'air. Une fois la fosse comblée, vous vous garderez bien d'imprimer au jeune arbre les secousses d'usage, puisque vous n'avez pas de vide à combler entre vos racines ; et au lieu de donner des coups de talon autour du pied pour tasser le sol, vous vous bornerez à le fouler légèrement, puis vous butterez, pour l'hiver seulement.

Enfin, vous enlèverez la baguette avec laquelle on a marqué la place du tuteur, et vous planterez celui-ci, après en avoir charbonné l'extrémité au feu, et avec la certitude qu'en s'enfonçant, il ne rencontrera et ne déchirera aucune grosse racine.

Si nous plaçons le tuteur à l'ouest, au lieu de le placer à l'est, par exemple, c'est parce que les vents dominants tendront toujours à en éloigner la tige de l'arbre. Dans le cas contraire, il suffirait que les liens du tuteur se rompissent pour que la tige chassée par le vent se meurtrît au contact du pieu.

Dans le cas où vous auriez opéré au printemps, vous feriez bien de mettre un peu de fumier d'étable en couverture sur les fosses et d'arroser en temps de sécheresse, pour favoriser la reprise et combattre les fâcheux effets de l'évaporation.

Ce que nous venons de dire ne s'applique pas seulement aux arbres de haut jet ; on doit agir de la même manière avec les arbres destinés à la taille.

La taille des arbres a pour but de concentrer la production sur de petits espaces, de la régulariser, de donner à l'arbre des formes gracieuses, d'augmenter le volume des fruits, et quelques-uns même ajoutent leur qualité. Sur ce point, nous faisons nos réserves. Nous admettons bien que, sur un même pied d'arbre, les fruits moyens valent ordinairement mieux que les petits et les gros, mais nous ne saurions admettre que le parallèle entre le plein vent et l'espalier soit à l'avantage de ce dernier quant à la saveur. Les fruits de plein vent sont préférables dans les conditions normales.

La plupart des arbres fruitiers peuvent être soumis à la taille; cependant il en est qui résistent et protestent contre les caprices de l'homme. Tous, non plus, ne sauraient être assujettis aux mêmes formes. Il est bon de consulter leurs tendances naturelles avant d'opérer. Les arbres francs de pied sont moins dociles que les arbres greffés ou sur cognassiers ou sur sujets nains, parce que, ayant plus de vigueur, ils protestent naturellement plus contre les amputations. Voilà pourquoi nous affectionnons pour la taille les arbres d'une vigueur modérée. Moins la végétation est fougueuse, plus les bourgeons ont de tendance à fructifier en excès, plus nous pouvons supprimer de bois. C'est ce qu'on nomme la taille courte. Plus la végétation est fougueuse, moins nous devons retrancher de bois à la taille. C'est ce qu'on appelle la taille longue. Si les suppressions étaient faibles sur des arbres d'une végétation paresseuse, nous obtiendrions trop de fruits et pas assez de bois pour les nourrir; si, au contraire, les suppressions étaient fortes sur des sujets vigoureux, nous n'obtiendrions que du bois et très-difficilement du fruit.

Avant de tailler un arbre, il convient donc de connaître ses tendances naturelles, et de tenir compte du climat, du sol et de l'exposition. Sous un climat humide, dans un sol frais, avec des arbres fougueux, il faut nécessairement tailler long; sous un climat très-tempéré, à l'exposition du midi, dans un terrain sec et avec des arbres peu vigoureux, il faut nécessairement tailler court.

La taille, on le pense bien, altère la santé des arbres et abrége leur durée, et, sous ce rapport, le mal est d'autant plus grave que les amputations sont plus nombreuses et portent sur de plus gros rameaux. Les larges plaies, très-multipliées, font évidemment souffrir plus que les plaies de petite dimension et en quantité moindre. Il serait donc à désirer que l'on pût conduire les arbres sans l'emploi de la serpette ou du sécateur. Or, à la rigueur, on le pourrait. Au lieu d'attendre qu'un rameau inutile se développe, rien ne nous empêche d'arrêter sa venue en supprimant le bourgeon qui doit le produire. Cette opération se nomme éborgnage. Rien ne nous empêche non plus d'arrêter le développement d'un rameau en supprimant son extrémité avec les ongles, dès qu'il a sept à huit centimètres. Rien ne nous empêche enfin de modérer la végétation de la flèche ou tige d'un arbre en éborgnant le bourgeon terminal de cette tige pour diminuer sa force d'appel. Nous savons tout cela, et si nous n'avions à conduire qu'une demi-douzaine de petits arbres, nous en viendrions à bout presque sans le secours des outils; malheureusement, la chose devient impossible avec nos cultures. L'éborgnage et le pincement qui, au premier abord, paraissent très-faciles, constituent, en fin de compte, deux opérations d'une délicatesse extrême. Pour les bien pratiquer, il faudrait, en quelque sorte, deviner le rameau ou la branche dans le bourgeon et n'opérer qu'avec une prudence extrême. Nous avons des hommes irréfléchis qui abusent de ces opérations et tuent leurs arbres bien autrement vite qu'avec la serpette ou le sécateur.

Ainsi donc, laissant de côté la théorie qui nous conseille avant tout l'éborgnage et le pincement, nous revenons à la pratique de la taille ordinaire qui fait la part moins large aux inconvénients.

L'amputation doit être faite à quelques millimètres du bourgeon que l'on veut développer, mais jamais aussi près de ce bourgeon sous les climats froids que sous les climats doux. Toutes les fois que la taille est éloignée du bourgeon, la séve qui n'est point appelée vers la plaie, ne saurait y monter pour la cicatriser et le bois meurt pour former des chicots qui pénètrent assez avant dans le bois vif. Le biseau de la taille ne doit être ni trop allongé, ni trop horizontal. Dans le premier cas, la cicatrice se fait difficilement; dans le second, l'eau des pluies ne s'écoule pas assez vite et séjourne sur la plaie.

La taille se pratique au-dessus, au-dessous et sur les côtés des rameaux et des branches. Si l'on veut continuer une branche horizontale, comme dans les pyramides, on taille au-dessus d'un œil de dessous qui continuera la branche. Si l'on veut regarnir un vide, on taille sur un bourgeon de côté ; si l'on veut redresser une branche faible qui s'écarte trop de la tige, on taille au-dessous d'un bourgeon de dessus. Ces règles, empressons-nous de le dire, ne sont pas sans exceptions ; aussi croyons-nous devoir nous en tenir à ces quelques mots, persuadé plus que jamais que la plume est impuissante à enseigner la taille d'une manière suffisamment intelligible. En quelques minutes au jardin, on fera plus de besogne et de meilleure besogne qu'avec une plume sur des centaines de pages de papier.

ONZIÈME CONFÉRENCE

Des diverses formes à donner aux arbres.

Les formes auxquelles nous assujettissons les arbres taillés, sont nombreuses et augmentent chaque jour, selon les caprices des amateurs qui nous apportent modifications sur modifications. Nous nous contenterons d'indiquer ici les principales qui sont : la pyramide, la quenouille, le fuseau, le vase ou gobelet, pour les plantations de plein vent ; le cordon oblique, la forme en U et les éventails de toutes sortes pour l'espalier. Qui dit espalier, dit non un arbre, mais le mur contre lequel l'arbre sera palissé. C'est parmi les éventails que nous rangeons la palmette simple, la palmette double, la palmette à branches courbes, la treille en cordon, la forme en candélabre, le V ouvert de Montreuil, la forme carrée, la lyre, etc.

Nous entendons par forme en pyramide cette forme conique, que prennent naturellement les épicéas par exemple. Les branches de la base sont les plus longues et les plus grosses, et au fur et à mesure que l'on se rapproche du sommet, elles diminuent de longueur et de force pour se réduire à rien. La pyramide est avantageuse, non-seulement parce qu'elle flatte agréablement la vue, mais encore parce qu'elle permet de placer un grand nombre d'arbres sur un espace restreint.

La quenouille est une forme qui nous semble moins gracieuse et difficile à bien former. Nous ajouterons que tout le monde n'est pas de notre avis. Elle diffère de la pyramide en ce que les branches les plus étendues occupent la partie moyenne de l'arbre, et que les autres diminuent de longueur au fur et à mesure qu'elles se rapprochent du sommet ou du pied de l'arbre. On donne encore le nom de quenouille aux arbres défectueux des pépinières, nous ne savons pourquoi.

Le fuseau bien conformé se rencontre rarement ; pour notre compte, nous ne l'avons vu bien régulier qu'à Paris, au Jardin du Luxembourg; imaginez de hautes et assez fortes tiges avec de toutes petites branches sans développement, tourmentées, tordues, pincées, taillées à l'extrême. Quelques personnes donnent à tort le nom de fuseau à des pyramides défectueuses dont on taille les branches principales pour

ne réserver avec soin que les rameaux secondaires.
Cette taille est peut-être plus favorable à la fructification que la taille en pyramide régulière, mais elle
jette de la confusion dans l'arbre et n'a rien d'a-
gréable à l'œil.

Les vases ou gobelets sont trop connus pour qu'il
soit nécessaire de les décrire. Ces formes conviennent principalement aux pommiers, aux poiriers, aux
abricotiers et aux cerisiers. On peut faire des vases à
à basse tige, c'est-à-dire dont les rameaux partent
d'un point très-rapproché du sol et des vases à haute
tige qui ne commencent ordinairement qu'à une hauteur de deux à trois mètres.

Passons maintenant à quelques-unes des diverses
formes adaptées à l'espalier. Dans ces derniers temps,
on a conseillé l'adoption du cordon oblique qui consiste en une simple tige et une seule branche dis-
posée obliquement contre le mur. Avec cette forme on
laisse fort peu de distance entre les pieds d'arbres, et
il convient d'en avoir de grandes quantités pour gar-
nir un mur. Le cordon oblique n'a qu'un mérite à
nos yeux, celui de permettre la réunion de variétés
nombreuses sur un espace étroit; en retour, il a le
gros inconvénient de nous faire débourser des
sommes considérables au profit des pépiniéristes.
Cette forme peut convenir à des climats et à des terrains secs, mais nous doutons fort qu'elle soit appelée
à quelques succès dans le Nord.

Nous préférons de beaucoup au cordon oblique la
forme en U, la forme en éventail, et, parmi les éven-

tails, nous affectionnons tout particulièrement la palmette, parce qu'elle est très-gracieuse, très-facile à former, très-avantageuse et qu'elle garnit l'espalier aussi bien que tout autre éventail. La palmette consiste en une tige verticale portant à droite et à gauche des branches d'une même longueur, plus ou moins horizontales ou obliques. Voilà la palmette à une tige. La palmette double se compose de deux tiges s'élevant parallèlement et portant des étages de branches, l'une à droite, l'autre à gauche. L'espace compris entre les deux tiges reste vide ou ne porte que quelques rameaux fructifères.

Dans le nord de la France et en Belgique, on remarque, aux façades et aux pignons des habitations, de beaux arbres, dont les branches latérales sont horizontales ou courbées avec régularité. Ce sont des palmettes simples.

Cette forme est avantageuse, surtout avec les variétés vigoureuses, et s'accommode très-bien de la greffe sur franc. Avec elle, il n'est pas nécessaire de fatiguer l'arbre à l'excès, car elle permet la taille longue. Les seules suppressions de quelque importance portent sur les rameaux qui poussent au-dessus des branches latérales et sur ceux qui poussent en avant de ces branches.

Mentionnons aussi en passant les cordons horizontaux à un seul qu'à deux étages. C'est une jolie forme qui convient au pommier.

La treille en cordon, généralement adoptée à Thomery et aux environs de Paris, est celle qui convient le

7.

mieux à la vigne. Seulement, au lieu d'élever les cordons à une hauteur assez considérable, on fera bien de
les tenir rapprochés du sol, et d'autant plus que le
climat devient plus froid et plus humide. En Hollande,
les cordons rasent pour ainsi dire la terre et ce sont
eux qui donnent les meilleurs produits. Les Hollandais
ont dû renoncer aux cordons élevés. Voici ce que l'on
entend par treille en cordon : — imaginez un cep qui
s'élève verticalement jusqu'à une certaine hauteur,
tantôt à quarante centimètres, tantôt à un mètre ou
plus, puis qui prend tout à coup une direction parfaitement horizontale. Souvent un cep ne forme
qu'un seul cordon; quelquefois on force une bourre
à partir un peu au-dessous et à l'opposé du coude
du premier cordon et l'on en forme un second dans
l'autre sens. Avec les murs peu élevés, on se contente
d'un seul étage; avec des murs élevés et sous les
climats doux, on forme plusieurs étages de cordons,
à cinquante ou soixante centimètres l'un l'autre au
moyen de plusieurs ceps de vignes, placés de distance en distance contre l'espalier. Des règles fixées
au mur servent à maintenir la régularité de ces
cordons.

Nous ne dirons rien des formes de pêchers plus ou
moins jolies, plus ou moins capricieuses que l'on remarque chez les cultivateurs de Montreuil. Elles exigent beaucoup de soins et ne conviendraient pas
à tous les climats. Nous leur préférons certainement
la palmette.

Ce travail étant plutôt un aide-mémoire qu'un traité

complet, nous laissons à la pratique le soin d'appli-
quer sur le terrain les formes recommandées et d'indiquer les détails de taille propres à chacune de ces
formes.

DOUZIÈME CONFÉRENCE

Soins d'entretien, tels que labours, fumures, arrosages, incisions, pincements, taille d'été, échenillage, soins à donner aux fruits et chasse aux animaux nuisibles.

Les labours sont aussi nécessaires aux arbres qu'aux plantes; seulement, ils exigent beaucoup d'attention, et il convient de ne pas offenser les racines. On labourera donc, au printemps et à l'automne, très-superficiellement, afin de détruire les mauvaises herbes qui forment gazon et de permettre à l'air de s'introduire aisément dans le sol. Les arbres comme les plantes ont nécessairement besoin de nourriture; il importe donc de les fumer régulièrement; seulement, on aura soin de leur donner des engrais très-décomposés et principalement un mélange de fumier de vache, de cendres de bois et de suie. Par cela

même que les racines de nos arbres fruitiers attei-
gnent souvent une grande profondeur, on devra appli-
quer la fumure au pied de ces arbres vers la fin de
l'automne ou dans le courant de l'hiver, afin qu'elle
arrive à temps aux extrémités des racines pour répondre aux besoins de la végétation du printemps.
Pour les arbres à racines superficielles ou traçantes,
comme les pommiers, l'engrais peut être appliqué
dans le courant de février. En outre, il est bon d'é-
tendre un paillis au pied de tous les arbres cultivés,
c'est-à-dire une couche de litière secouée qui en-
tretient la fraîcheur de la couche supérieure du sol
et fournit ses sels à l'eau en temps de pluie. Les arbres ont besoin d'eau, puisque l'eau fait la sève et
répare les pertes qui se produisent par évaporation.
On arrosera donc à propos, c'est-à-dire toutes les
fois qu'une sécheresse prolongée se fera au détriment
de tous les organes de l'arbre et du développement
des fruits surtout. Les arbres qui souffrent de la soif
ne donnent pas de bois et donnent trop de fleurs qui
nouent difficilement ou trop de fruits qui se détachent, à peine formés. Ce n'est pas tout, le manque
d'eau amène le rétrécissement des canaux séveux et
la rétraction des écorces, en sorte qu'à la suite de
grandes chaleurs, si une forte pluie survient, la sève
a beaucoup de peine à circuler et cherche des issues
dans les bourgeons de l'année. Nous avons alors une
production intempestive de faux rameaux sur les arbres vigoureux, et de fleurs tardives et inutiles sur les
arbres de peu de vigueur. Nous arroserons donc le

pied de nos arbres à l'époque des grandes chaleurs,
toujours, bien entendu, avec de l'eau dont la température soit au même degré que celle de l'air. L'eau
froide, toute fraîche tirée des puits, contrarierait la
circulation de la séve. Nous pourrons en outre, vers
la fin de la journée, arroser les tiges, les branches et
les feuilles avec la pompe à main, afin d'empêcher le
raccourcissement des tissus et de rendre aux arbres
une partie de l'eau que le soleil et l'air leur ont enlevée. Ici, vient se placer tout naturellement une observation essentielle. L'arrosage appelle la fumure.
Arroser et ne pas donner d'engrais, c'est user le terrain. En conséquence, plus vous arroserez, plus vous
fumerez.

L'incision annulaire est une opération que nous si-
gnalons plutôt que nous ne la recommandons. Elle a
pour but d'assurer la fructification et de hâter la
maturité. Ainsi, toutes les fois que l'on enlève un
petit anneau d'écorce à une branche chargée de
fruits, le bois qui se trouve au-dessus de la partie
incisée s'aoûte assez vite et les fruits mûrissent plus
tôt qu'à l'ordinaire. Nous connaissons des vignerons
qui incisent les sarments de leurs vignes très-légèrement, qui ne font que couper l'écorce avec la serpette, uniquement pour que les rameaux s'aoûtent.
Cette opération paraît être utile sous les climats qui
se rapprochent du Nord. Nous connaissons encore
des vignerons qui pratiquent l'incision annulaire
sur les ceps au moment de la floraison de la vigne,
afin de prévenir la coulure; nous en connaissons

enfin qui la pratiquent sur quelques sarments char-
gés de grappes, afin de les faire mûrir une quinzaine
de jours plus tôt que l'époque ordinaire. On a vu,
dans les Expositions de pomologie, de belles branches
chargées de fruits dont les uns étaient mûrs et les
autres verts. Ce résultat était dû à l'incision annulaire. Les fruits placés au-dessous de l'anneau de
l'écorce enlevée devaient mûrir plus tardivement que
ceux placés au-dessus.

Le pincement ou écimage, dont nous avons parlé
précédemment, rentre dans les opérations d'entretien. De temps en temps, nous rognerons donc avec
les ongles, autrement dit nous pincerons quelques
rameaux inutiles, dès qu'ils auront de sept à huit
centimètres. Si nous les pincions à l'état herbacé,
ils périraient complétement, tandis qu'en les pin-
çant un peu plus tard, alors que la base est déjà
ligneuse, cette partie résiste et nous donne une
branche fruitière. Le pincement exige beaucoup de
prudence. Nous ne pincerons qu'un petit nombre de
rameaux à la fois, et de loin en loin. Moins la végétation est active dans l'ensemble de l'arbre, plus il
faut être sobre dans le pincement. Si nous le prati-
quions dans un seul jour sur l'ensemble d'un arbre,
nous déterminerions brusquement des souffrances
très-vives ; c'est pour éviter ces souffrances qui nui-
raient au développement et à la qualité des fruits,
que nous conseillons le pincement graduel.

La taille d'été consiste dans la suppression de rameaux déjà très-développés et à l'état ligneux. Quand

ces rameaux sont très-nombreux et jettent de la confusion dans un arbre, on les supprime, non pas tous
à la fois, mais en partie seulement, graduellement,
de façon à ne pas ébranler la santé de l'arbre. Pour
faire cette taille d'été sur les arbres à fruits à pepins, il importe que la circulation de la séve soit
déjà très-ralentie. Dans le cas contraire, on provo-
querait l'émission de faux rameaux qui dérangeraient
singulièrement notre charpente. La taille d'été est
une sorte d'anticipation sur la taille en sec ou du
mois de février. On taille le pêcher en vert aussitôt
après que les fruits ont noué. Tout rameau qui
n'en porte pas devient nécessairement inutile, puisque la seconde année il n'en portera pas davantage.
On taille donc ces rameaux sans fruits au-dessus du
deuxième bourgeon, et la séve fait partir de suite
les deux bourgeons qui, dans l'ordre naturel des
choses, n'auraient dû se développer que l'année
suivante. A la place des rameaux principaux, nous
avons donc des rameaux anticipés, ou faux rameaux
qui, l'année d'après, se mettront à fruits. Il est
évident que cette culture contre nature est nuisible à
la santé des pêchers, mais comme elle est très-avantageuse au point de vue du produit, nous la recommandons.

Souvent, vers le mois de juillet, alors que la séve
ralentit sa marche, on opère sur les arbres à fruits
à pepins le cassement de quelques rameaux. Ce cassement, applicable à des arbres peu productifs et trop
vigoureux, occasionne un malaise d'autant plus pro-

longé que les tissus cassés et déchirés ne guérissent point comme les plaies unies. On obtient ainsi une mise à fruit plus avantageuse.

L'effeuillage d'un arbre a pour objet et pour but de donner de l'air et de la lumière aux fruits qui approchent de la maturité. Ces fruits y gagnent en coloration et en saveur. Cette opération demande à être exécutée avec prudence; il ne faut pas découvrir les fruits brusquement, en une seule fois; il ne faut pas non plus enlever la feuille entière, parce que le bourgeon qui se trouve à la base du pétiole en souffrirait trop. On doit procéder lentement, déchirer les feuilles à diverses reprises et mettre huit ou dix jours pour découvrir complétement. Cette recommandation s'applique aux vignes de treille comme aux autres arbres.

Les fruits demandent des soins particuliers pendant le cours de leur développement. Aussitôt noués, on fera bien de les éclaircir et de n'en laisser qu'un nombre raisonnable. Sur le pêcher et l'abricotier, on éclaircit un peu plus tard, et peut-être a-t-on tort. Sur les arbres jeunes, on ne laissera pas une portée de fruits considérable qui les fatiguerait outre mesure et n'aurait point de qualité; on aura soin aussi de dégarnir les parties faibles des arbres, afin de favoriser la production du bois. Les grappes de raisin de treille gagnent aussi beaucoup à être éclaircies, car les grains serrés se développent mal, mûrissent mal et sont sujets à la pourriture. Vous éclaircirez donc les grappes, aussitôt que les grains auront le volume d'un petit pois, et vous ferez cette opération avec des ciseaux à branches fines et pointues. Lorsqu'un arbre vous paraîtra trop chargé de produits, vous le soulagerez en supprimant les fruits qui se rapprochent de la base surtout et ceux du dessous des branches plutôt que ceux du dessus, car ces derniers, par leur position même, ont plus de facilité que les autres pour prendre la séve, se bien nourrir et bien grossir. Tout à l'heure, nous avons parlé de l'effeuillage ; il n'est pas nécessaire d'y revenir ; nous nous bornerons donc à dire qu'on ne se contente pas toujours de cette opération pour favoriser la coloration des fruits. Beaucoup de cultivateurs les arrosent en plein soleil avec de l'eau convenablement dégourdie, et à l'aide de la pompe à main.

Lorsque nous avons affaire à un petit nombre d'arbres taillés, nous devrions procéder à leur égard comme à l'égard de nos porte-graines de plantes potagères, les arroser avec du purin affaibli au moment de la floraison et continuer deux fois par semaine durant les longues sécheresses.

Nous n'en avons pas encore fini avec les soins à donner aux arbres ; nous ne devons pas oublier que la culture plus ou moins forcée à laquelle nous les assujettissons, occasionne des maladies et nécessite toutes sortes de petites attentions. Tantôt nos arbres se trouvent en terrain trop appauvri, trop exposé à la chaleur directe du soleil, et alors nous voyons les feuilles pâlir et jaunir ; on dit qu'ils sont atteints de la chlorose ou jaunisse; dans ce cas, il est nécessaire de leur rendre de la terre neuve et de bonne qualité, ou bien de les arroser avec du purin et un peu de couperose verte ou sulfate de fer. Tantôt les feuilles de nos arbres se délustrent, retombent et se détachent sans se décolorer; on dit que l'arbre est hydropique. C'est enfin à l'excès d'eau que l'on attribue cette maladie; et par conséquent il est bon de drainer le voisinage des arbres en question. D'autrefois, surtout en se rapprochant du Nord et des contrées humides, nos arbres deviennent chancreux, et cette maladie, si commune sur les pommiers, se déclare principalement sur les sujets que l'on ébranche ou que l'on taille sans précaution. Nous considérons le chancre comme étant le résultat de la séve qui n'a plus d'issues, qui fermente sous l'écorce de l'arbre et détermine la pourriture. Dès qu'il s'annonce, il faut non-seulement l'attaquer, le nettoyer avec la serpette jusqu'au vif, mais il faut encore inciser l'écorce dans le voisinage et diriger les incisions vers des rameaux vigoureux. On ouvre ainsi des rigoles à la séve qui manquait d'issue. Vous remarquerez que les chancres se déclarent ordinairement dans le voisinage d'une amputation ou d'une partie coudée. Aussi, lorsque vous aurez à tailler ou à ébrancher des arbres vigoureux, arrangez-vous de façon à ménager quelques bonnes branches ou quelques bons rameaux à proximité des plaies, afin que la séve, destinée aux parties que vous aurez supprimées, trouve des passages suffisants. Nous avons encore à nous plaindre fort souvent de la gomme et de diverses moisissures, tantôt rouges, tantôt farineuses, sur les arbres à fruits à noyaux. Pour la gomme, nous devrons l'enlever dès qu'elle se produira, inciser longitudinalement l'écorce des branches attaquées, mouiller ces branches avec une éponge et arroser l'arbre au pied afin de rendre de la fluidité à la sève. Pour les moisissures qui se déclarent surtout sur le pêcher et qui proviennent vraisemblablement de la désorganisation des tissus, à la suite des mauvais traitements que nous imposons à ces arbres, nous pensons que l'emploi de l'eau légèrement vinaigrée doit être d'un bon effet. Quelques-uns de nos meilleurs jardiniers recommandent aujourd'hui la fleur de soufre.

Nous avons enfin à protéger nos arbres contre les insectes et les animaux nuisibles. Ces insectes et ces animaux sont : les chenilles, les fourmis, les guêpes, le puceron lanigère, diverses larves, les taupes, les campagnols, les rats, les loirs, les lapins et les lièvres.

Pour les chenilles, il est d'usage d'entourer le pied de l'arbre avec de la paille ou du crin, afin de les empêcher de monter. Les aspérités qu'elles rencontrent les rebutent. D'autres fois, lorsqu'il s'agit de chenilles vivant en société, on saisit le moment où elles se trouvent sur un même point et l'on s'en débarrasse en les écrasant. Nous ne conseillons pas l'emploi des matières soufrées qui sont nuisibles à la végétation. Le moyen le plus énergique, c'est la suppression des nids, à la sortie de l'hiver et l'incinération de ces nids. A cet effet, on emploie l'échenilloir, sorte de sécateur que l'on manœuvre au moyen d'une ficelle.

Nous avons dit, en traitant de la culture potagère, les moyens à employer pour déloger les fourmis; il n'y a donc pas lieu d'en parler de nouveau. Les fioles d'eau miellée, suspendues de loin en loin aux branches ou aux treillages des arbres attaqués, nous rendent d'importants services. Le même procédé nous délivre aussi d'une certaine quantité de guêpes.

Le puceron lanigère, qui nous a été apporté d'Amérique il y a environ un demi-siècle, fait de grands dégâts sur les pommiers. Nous ne connaissons pas encore de moyens assez énergiques pour nous en défaire. Peut-être ferait-on bien de prendre une décoction de tourteaux de graines oléagineuses, d'y tremper une brosse et de frotter les parties attaquées. Nous ferons observer que les pucerons lanigères se réfugient d'habitude dans la fente des sujets sur lesquels on a greffé. En conséquence, on enlèvera aussitôt que possible l'onguent de Saint-Fiacre qui enveloppe les greffes et l'on nettoiera rigoureusement les places qui seraient envahies par l'insecte.

Toutes les fois qu'en inspectant vos arbres, vous découvrirez des feuilles roulées sur elles-mêmes, vous les détacherez avec les ongles et ménagerez le pétiole. Tantôt la partie roulée renferme un petit ver ou larve; tantôt elle sert de nid où des insectes ont déposé de tout petits œufs transparents. Ces insectes nous paraissent être des charançons. Il va sans dire que les feuilles enlevées doivent être détruites.

Les taupes nuisent aux arbres par les galeries qu'elles ouvrent de temps en temps parmi les racines. On connaît les moyens de les détruire; nous ne les rappelons pas.

Les campagnols, les rats et les loirs attaquent les fruits mûrs. Nous ne pouvons employer contre eux que les piéges ordinaires, tels que les vases à moitié remplis d'eau et enterrés jusqu'aux bords, les piéges à ressorts et les pâtes empoisonnées.

Les lapins et les lièvres font des ravages considérables pendant les hivers rudes. Ils s'attaquent aux pommiers d'abord, puis aux poiriers, à défaut de mieux, en rongent l'écorce et les jeunes rameaux de telle sorte qu'on doit souvent ou les arracher ou les recéper. Nous n'avons que le fusil et les lacets pour les combattre énergiquement. Mais ces moyens ne nous sauvent pas toujours de la voracité de ces animaux. On a recommandé, soit d'entourer les arbres avec des épines, soit de les enduire d'une composition d'aloès. Avec de la bouse de vache délayée dans l'eau jusqu'à consistance de bouillie assez claire et fortement aloétisée, on peut enduire les tiges des arbres jusqu'à la hauteur d'un mètre environ et rebuter ainsi ces rongeurs.

TREIZIÈME CONFÉRENCE

Récolte, conservation et emploi des fruits.

La récolte des fruits ne relève d'aucune indication précise. Ils mûrissent plus tôt dans les années chaudes que dans les années froides, plus tôt à l'exposition du midi qu'à l'exposition du nord, plus tôt dans les terrains secs que dans les terrains frais, plus tôt dans les pays plats que dans les pays de montagnes. Pour les pêchers et les arbres fruitiers d'été, tels que abricots, cerises, prunes, poires précoces, etc., on reconnaît la maturité des fruits à la couleur et au toucher, car la couleur ne suffit pas toujours, il s'agit encore de savoir si la chair cède sous le pouce. Mais pour les fruits d'automne et d'hiver, c'est une autre affaire, et ce que nous pouvons dire de mieux à ce propos, c'est que l'on récolte ordinairement les pre-

miers en septembre, et les seconds en octobre et novembre. Dans ce cas, il peut se faire que l'époque de
la cueillette soit très-éloignée de la maturité, mais
nous n'avons pas à nous inquiéter de ce détail. Pourvu
que le fruit ait atteint son développement complet, la
récolte n'offre pas d'inconvénients sérieux. Plus on
avance l'époque de la cueillette, plus la maturité devient tardive au fruitier; plus on la retarde, plus les
fruits cueillis mûrissent vite. Donc, il y a un certain
avantage à faire sa récolte à diverses reprises, afin
d'échelonner les époques de maturité.

Vous ferez la cueillette par un temps bien sec, après
l'évaporation complète de la rosée. Vous saisirez les
fruits un à un et les détacherez autant que possible
en conservant la queue ou pédoncule, et vous place-
rez ces fruits dans de larges mannes, très-peu élevées,
afin que ceux du dessous n'aient pas à souffrir de la
charge des autres. Vous mettrez à part les exemplaires
véreux ou meurtris. La récolte faite, vous étendrez
les fruits en question sur le parquet ou le carreau
d'une pièce sèche et parfaitement aérée. Vous pourrez même laisser les fenêtres ouvertes jour et nuit. Les
fruits perdront une partie de leur eau de végétation,
jetteront leur sueur, comme l'on dit, et, au bout de
huit jours au moins, ou d'une quinzaine de jours au
plus, vous pourrez les placer au fruitier.

Les fruitiers bien conditionnés sont rares, et n'en
a pas qui veut, attendu qu'ils coûtent cher. Notre
fruitier, à nous, c'est l'armoire ou la cave : l'armoire
pour les fruits dont nous voulons avancer la maturité,

la cave pour ceux dont nous voulons la retarder.
Dans nos campagnes, il est d'usage fort souvent de
placer les fruits au grenier et en tas, sans même
leur donner le temps de suer et de se ressuyer.
L'usage est mauvais, car les fruits en tas sont ex-
posés à la pourriture et ne sont pas à l'abri de la
gelée qui peut les atteindre au grenier plutôt qu'à la
cave.

Une température de six à dix degrés centigrades
est celle qui convient le mieux aux fruits. Or, la cave
nous offre cette température. Les brusques changements d'air sont nuisibles à leur conservation; or,
la cave nous permet d'éviter ces brusques changements d'air.

Il suffit de placer des tablettes en bois de chêne et
de disposer sur ces tablettes les fruits à conserver.
On les visite de loin en loin et l'on sépare ceux qui
se gâtent de ceux qui sont sains. Quand on est las
d'attendre la maturité, on monte un certain nombre
de fruits dans une des pièces chaudes de la maison,
afin de la hâter.

Les nèfles et l'épine-vinette ne se récoltent habituellement qu'après la première gelée. On étend les
nèfles au grenier sur de la paille et l'on attend
qu'elles blétissent pour les consommer. On procède
de même avec les fruits du sorbier domestique. Quant
aux épine-vinettes, on les utilise de suite pour la
préparation de confitures recherchées.

L'emballage et le transport des fruits ne présen-
tent pas de grandes difficultés. Veut-on expédier dès

8

pêches, des abricots au loin, on les cueille deux ou
trois jours avant leur complète maturité, alors qu'ils
sont encore fermes et on les emballe dans des boîtes
très-larges et sans élévation. On place ces fruits
délicats sur des rognures de papier, l'on bourre les
intervalles avec ces mêmes rognures et l'on recouvre
de regain bien sec et bien fin. L'important, c'est qu'il
n'y ait qu'un lit de fruits, que ces fruits ne se touchent pas et qu'ils soient comprimés par le regain
et le couvercle au point de ne point remuer pendant le transport. Pour les groseilles et les cerises,
on sépare les différents lits avec des feuilles vertes
ou de la fougère. On emballe les prunes avec des orties qui, dit-on, ménagent la fleur.

Un mot, en terminant, sur les principaux usages.
Nous savons le parti que l'on tire des poires : on
les mange, soit crues, soit cuites ou séchées au
four. On s'en sert aussi pour préparer un sirop dési-
gné sous le nom de poiré. En Bourgogne, elles entrent dans la composition de la confiture appelée
raisiné.

On fait, avec les pommes, quand on ne les consomme pas crues ou cuites, une marmelade très-
estimée, une gelée qui ne l'est pas moins. Nous n'a-
vons pas à parler ici de ces diverses préparations,
dont il est très-facile, d'ailleurs, de se procurer les
recettes.

Les coings entrent avec les poires dans la préparation du raisiné. On s'en sert aussi pour faire une gelée
délicieuse, ainsi qu'une liqueur de ménage, appelée

eau de coings ou ratafia de coings. La pâte nommée cotignac est préparée avec de la pulpe de coings et du sucre.

Arrivons aux fruits à noyaux. — Les abricots servent à faire des marmelades, des pâtes estimées et des conserves à l'eau-de-vie. Avec les pêches, on fait également des marmelades et des conserves à l'eau-de-vie. Avec les prunes, on prépare des pruneaux, des confitures, des conserves et de l'eau-de-vie. Avec les cerises, on fait les cerises sèches, des compotes, des confitures, des cerises à l'eau-de-vie et du ratafia.

Avec les groseilles à grappes, on prépare une excellente gelée que tout le monde connaît; avec les groseilles à maquereaux, on fait des tartes très-estimées en Belgique et en Angleterre; avec la groseille noire ou cassis, on prépare une liqueur bien connue, dont la consommation tend à se développer.

Avec l'épine-vinette, nous l'avons déjà dit, on fait une bonne confiture.

Avec la framboise, on prépare une bonne gelée et un excellent sirop. Avec les noix, enfin, on fait une huile à manger, assez recherchée dans quelques localités, et une liqueur de ménage connue sous le nom de brou de noix.

Choix de Poires à cultiver.

NOMS.	VOLUME ET QUALITÉ.	ÉPOQUES DE MATURITÉ.	OBSERVATIONS.
Alexandrine Douillard.	Assez gros. Chair fine.	Octobre.	Assez vigoureux. Pyramide et palmette. Sur cognassier et sur franc.
Baronne de Mello.	Moyen. Chair fine et fondante.	Octobre-novembre.	Vigoureux sur franc. Pyramide quenouilles.
Bergamotte Grassanne	Assez gros. Chair fondante et délicieuse.	Novembre.	Vigoureux. Se plaît mieux à l'espalier qu'en plein vent.
— d'Été.	Moyen. Chair fondante.	Août-septembre.	Assez vigoureux. Fuseau, vase, petit candélabre.
— Esperen.	Moyen; forme d'œuf. Chair très-fine et fondante.	Février-mai.	Vigoureux. Palmette, pyramide, vase, basses-tiges.
Beurré Bachelier.	Gros et très-gros. Chair fine, fondante, excellente.	Novembre-janvier.	Vigoureux. Pyramides, palmettes, vases, basses-tiges.
— Clairgeau.	Gros et très-gros. Chair mi-fine et mi-fondante, délicieuse.	Octobre-novembre.	Peu vigoureux. A greffer sur franc. Plein air et espalier.
— Curtet.	Petit, mais assez fondant et très-bien.	Septembre-octobre.	Vigoureux. Palmettes, vases, plein air et espalier.
— d'Amanlis.	Gros. Chair fine, très-juteuse et agréable.	Août-septembre.	Vigoureux; réussit sur cognassier. Basses-tiges et formes d'espalier.
— d'Angleterre.	Moyen. Chair très-fondante.	Septembre-octobre.	Vigoureux, basses-tiges et espalier.
— de Lapon.	Moyen, ou assez gros. Chair fondante, agréablement aromatisé.	Décembre-février.	Peu vigoureux; à greffer sur franc. Candélabre, pyramide.
— la Mirode.	Gros ou très-gros. Chair fine et tendre.	Août-septembre.	Vigoureux sur franc; faible sur cognassier. Plein air et espalier.
— de Nantes.	Moyen. Chair fine et fondante.	Septembre.	Peu vigoureux. Pyramide, palmette. En plein air.
— de Nivelles.	Moyen ou assez gros. Chair ferme, fine, fondante, agréable.	Décembre-février.	Vigoureux. Pyramide ou palmette; plein air ou espalier.
— de Rance.	Gros ou assez gros. Chair un peu grosse, mais agréable.	Janvier-mars.	Très-vigoureux même sur cognassier, ferme en cordail et pyramides. Plein air et espalier.
— d'Hardenpont.	Assez gros ou gros. Chair très-fine, fondante, exquise.	Novembre-janvier.	Vigoureux. Plein air et espalier. Formes squalon et pyramidales.
— Diel.	Gros, ou très-gros. Très-agréable. Se conserve assez longtemps mûr.	Novembre-janvier.	Vigoureux. Plein air et espalier.
— Dumont.	Moyen. Chair fine très-juteuse.	Octobre.	Vigueur médiocre. Plein air et espalier.
— Giffard.	Moyen ou en-dessus. Chair fine et fondante.	Juillet-août.	Vigueur médiocre. Plein air et espalier.
— Gris.	Assez gros. Chair fondante et exquise.	Octobre.	Assez vigoureux, surtout en espalier.
— Hardy.	Assez gros. Chair fine et fondante.	Septembre.	Très-vigoureux. Le greffer sur cognassier. En plein air.
— Millet.	Moyen ou petit. Chair fine, fondante, parfumée.	Décembre-février.	Vigoureux sur franc et sur cognassier. En plein air ou en espalier.
— Six.	Gros, ou assez gros. Chair très-fine.	Novembre.	Assez vigoureux, sur franc. En plein air ou en espalier. Pyramide et palmette.
— Superfin.	Assez gros. Chair fondante et délicieuse.	Septembre.	Vigoureux. Plein air et espalier.
Bon Chrétien d'hiver.	Moyen. Chair fine, un peu cassante, très-bonne à cuire.	Février-mai.	Vigoureux. Plein vent ou espalier au soleil.
Bonne d'Ezée.	Moyen ou gros. Chair très-fine et très-fondante.	Août-septembre.	Vigoureux. Levant et couchant en espalier. Pyramide en plein air.
— Louise d'Avranches.	Assez gros. Chair fine, fondante, très-estimée.	Septembre-octobre.	Assez vigoureux. Plein air ou espalier.
Calebasse Vougard.	Moyen ou assez gros. Chair fine cassante.	Octobre-novembre.	Vigoureux. Le greffer sur franc. Plein air ou espalier au soleil.
Catillac.	Gros ou très gros. Poire cassante, bonne à cuire.	Février-mai.	Vigoureux. En plein air.
Citron des Carmes.	Petit ou moyen. Chair assez fondante et musquée.	Juillet.	Vigoureux. Plein air ou espalier.
Commissaire Delmotte.	Moyen. Chair presque fondante et agréable.	Janvier-mars.	Vigoureux. Plein air ou espalier.
Délices d'Hardenpont.	Moyen ou gros. Chair craquelante, fondante et délicieuse.	Octobre.	Vigoureux. Plein air ou espalier.
— de Lovenjoul.	Moyen. Chair fondante et délicieuse, acidulée.	Octobre.	Vigueur ordinaire sur franc. Plein air ou espalier.
Doyen Dillen.	Assez gros. Chair fine et beurrée.	Octobre-novembre.	Vigoureux. Plein vent ou espalier.

8.

Choix de Poires à cultiver. (Suite.)

NOMS.	VOLUME ET QUALITÉ.	ÉPOQUES DE MATURITÉ.	OBSERVATIONS.
Doyenné Blanc.	Moyen et à peu près rond. Fondant et exquis.	Septembre-octobre.	Vigueur modérée. En plein air et sur cognassier. — En espalier au levant.
— Crotté.	Moyen. Chair fine, fondante, beurrée.	Septembre.	Vigueur ordinaire sur franc. Espalier et plein air.
— d'hiver.	Gros, fin, fondant, délicieux.	Janvier-mars.	Assez vigoureux sur franc. En espalier plutôt qu'en plein air.
— de juillet.	Petit. Chair fondante et agréable.	Juillet.	Vigueur ordinaire sur franc. Plein air et espalier.
Duchesse d'Angoulême.	Gros et très-gros. Chair plus ou moins fondante, délicieuse dans les terrains secs.	Octobre-novembre.	Vigoureux. La greffe sur cognassier. Plein air ou espalier.
Emile d'Heyst.	Assez gros ou moyen, fin et fondant.	Octobre.	Très-vigoureux. Plein air ou espalier à chaude exposition.
Épargne.	Moyen ou assez gros. Chair fine et fondante.	Juillet-août.	Vigoureux. Haute tige ou espalier au midi ou au sud-est.
Fondante des bois.	Gros et très-gros. Chair fine et très-agréable.	Septembre.	Vigoureux. Plein air à l'abri des forte coups de vent, ou espalier.
Fortunée, — du Pasteur.	Moyen. Chair fine et visuexe.	Novembre.	Vigoureux. Plein air ou espalier.
Général Tottleben.	Moyen. Chair assez fondante et fusillée.	Février-avril.	Vigoureux. Plein air ou espalier.
Grand Soleil.	Très-gros, d'un bel effet sur une table, et assez bon.	Octobre-novembre.	Très-vigoureux. Plein air ou espalier.
Hélène Grégoire.	Moyen et excellent.	Novembre-janvier.	Vigueur moyenne. Plein veut ou espalier.
Jalousie de Fontenay.	Assez gros, très-fin, joteux.	Septembre-octobre.	Vigueur médiocre sur cognassier. Plein air et espalier à exposition tempérée.
Josephine de Malines.	Assez gros. Chair fondante et musquée.	Septembre.	Vigoureux sur franc. Plein air et espalier.
	Petit et moyen. Chair rosée, fondante, exquise.	Janvier-mars.	Difficile à conduire. Plein air plutôt qu'espalier.
Léon Grégoire.	Gros ou assez gros. Chair fine, fondante et visueuse.	Novembre-janvier.	Vigoureux. Plein air et espalier. Formes plates et pyramidales.
Marie-Louise.	Moyen ou un peu au-dessus du moyen. Chair des meilleurs parmi les fondantes.	Octobre.	Assez vigoureux, porte mal son bois. Plein air ou espalier. Palmettes ou basses-tiges.
Martin-sec.	Petit ou moyen. Bon cru, délicieux cuit.	Décembre-janvier.	Assez vigoureux. Hautes-tiges.
Messire-Jean.	Moyen. Chair cassante, juteuse. Agréable, très-bonne cuite.	Novembre.	Vigoureux. Hautes-tiges.
Neo plus Meuris.	Assez, gros et gros. Délicieuse poire fondante.	Novembre.	Vigoureux. Tribe-fertile sur cognassier. Plein air ou espalier. Toutes formes.
Nouveau Poiteau.	Assez gros. Chair fine et fondante.	Octobre-novembre.	Vigoureux. Plein air ou espalier tempéré. Forme pyramidale ou palmette.
Nouvelle Fulvie.	Gros. Chair demi-fondante, bien parfumée.	Décembre-février.	Vigoureux. Plein air ou espalier. Porte mal son bois.
Orpheline d'Enghien.	Moyen. Chair fine, fondante et d'un goût relevé.	Décembre-février.	Assez vigoureux sur franc. En pleine air ou en espalier à chaude exposition.
Passe Colmar.	Moyen. Chair un peu ferme délicieusement parfumée.	Novembre-janvier.	Peu vigoureux. Plein air ou espalier. Toutes formes.
— Françoise.	Moyen. Chair fine, fondante, relevée.	Décembre-février.	Vigoureux. Plein air ou espalier.
Crassane, Poire de Tongres, Roussalet d'hiver.	Assez gros. Chair fondante.	Octobre-novembre.	Vigoureux. Plein air ou espalier.
Royale d'hiver.	Petit. Chair marquée, un peu fondante.	Décembre-février.	Vigoureux. Hautes-tiges ou espalier.
Saint-Germain.	Assez gros ou moyen. Chair fine, agréablement juteuse.	Janvier-mars.	Vigoureux. Hautes-tiges ou espalier.
Sarrazin.	Gros ou assez gros. Chair fondante et croquée.	Mars-juin.	Assez vigoureux sur franc. La mettre en espalier le plus possible. Vigoureux. Plein air.
Seckel.	Petit. Chair assez fondante, très-aromatisée.	Septembre-octobre.	Peu vigoureux. Plein air ou espalier.

Choix de Poires à cultiver. (Suite.)

NOMS.	VOLUME ET QUALITÉ.	ÉPOQUES DE MATURITÉ.	OBSERVATIONS.
Seigneur.	Moyen. Chair fine, très-juteuse.	Septembre.	Vigueur moyenne. Plein air plutôt que l'espalier.
Soldat-Laboureur.	Moyen. Chair fine et fondante.	Octobre-novembre.	Vigoureux. Plein air ou espalier; le fruit tombe facilement.
Tardive de Toulouse.	Gros et assez gros. Excellente.	Février-mai.	Vigoureux. Plein air ou espalier.
Triomphe de Boulogne.	Gros. Chair cassante, juteuse et agréable.	Mars-juin.	Vigoureux. Hautes tiges ou espalier.
Triomphe de Jodoigne.	Gros ou très-gros. Chair juteuse.	Novembre-janvier.	Très-vigoureux. Difficile à conduire.
Triolette.	Moyen ou assez gros. Chair fondante.	Septembre-octobre.	Vigueur moyenne. Hautes tiges ou pyramide.
Van Marum.	Énorme et même bonne.	Septembre-octobre.	À greffer sur franc pour avoir un peu de vigueur et de gros fruits.
Van Mons.	Gros ou assez gros. Fine, fondante, excellente.	Novembre.	Vigueur ordinaire sur franc. Plein air et espalier.
Vauquelin.	Assez gros. Variété de Saint-Germain.	Janvier-mars.	Vigoureux. Toutes formes; plein air et espalier.
Verte longue panachée.	Moyen. Chair très-fondante.	Septembre.	Peu vigoureux sur franc. Espalier.
William.	Assez gros. Chair fine, assez fondante, délicieuse.	Août-septembre.	Vigoureux. Plein air et espalier.
Zéphirin Grégoire.	Petit ou moyen. Chair fondante, parfumée, excellente.	Novembre-janvier.	Assez vigoureux sur franc. Plein air ou espalier à des expositions tempérées.

Choix de Pommes à cultiver.

NOMS.	VOLUME ET QUALITÉ.	ÉPOQUES DE MATURITÉ.	OBSERVATIONS.
Api rose.	Petite. Chair fine, ferme et croquante.	Pendant tout l'hiver.	Assez vigoureux. Toutes formes.
Baldwin.	Grosse. Chair excellente.	Fin d'hiver.	Vigoureux.
Belle du Bois.	Moyenne. Bonne et très-bonne.	Hiver.	Vigoureux.
Belle-Fleur.	Assez grosse. Bonne crue, cuite ou confite.	Fin d'automne.	Très-vigoureux; très-répandu en Belgique.
Bonne de mai.	Assez grosse. Assez bonne et d'un Printemps. Meilleure sur la table.	La Décembre-mai.	Vigoureux. Demande une exposition chaude.
Calville blanc.	Grosse et délicieuse pomme, première entre toutes.	Octobre-novembre.	Vigueur succédée. Bon terrain.
—	Assez grosse, très-bonne.	Novembre-avril.	Assez vigoureux. Bon terrain. Peu vigoureux. Le mettre sur franc ou sur doucin.
—	Assez gros-fruit. Bon.	Fin d'automne.	Vigueur ordinaire. Basse tige.
Saint-Sauveur.	Grosse et bonne.	Fin d'automne.	Vigueur ordinaire. Plein vent.
Court-Pendu royal.	Moyenne. Bonne et de très-longue garde.	Hiver.	Peu vigoureux. Basse tige.
Fenouillet gris.	Petite pomme, acidulé et agréable.	Fin d'hiver.	Vigueur ordinaire et roluste.
Grand'anet.	Assez grosse et très-bonne.	Décembre-janvier.	Vigueur ordinaire et roluste.
Grosse Reinette grise d'automne.	Grosse et excellente, crue et cuite.	Novembre-janvier.	Très-vigoureux.
Reinette étoilée, ou Reinette franche à côtes.		Printemps.	
Limousin triple.	Moyenne, assez délicieuse.	Janvier.	Vigueur ordinaire.
Gros-pomme rouge, ou rouge d'été.	Assez grosse et très-bonne.	Commencement de l'hiver.	Vigueur moyenne.
Passe-pomme rouge.	Moyenne, très-bonne.	Août.	Assez vigoureux.
Pomme d'or.	Petite, bonne.	Hiver.	Vigueur ordinaire. Basse tige.
— framboise.	Moyenne ou assez grosse-bonne.	Hiver.	Peu vigoureux.
Reinette d'hiver.	Moyenne et excellente.	Automne.	Vigueur ordinaire.
Prince d'Orange.	Assez grosse; très-bonne, peu juteuse, mais bonne.	Hiver.	Grande Vigueur et longue durée. Arbre de verger.
Embout frêt.	Pomme moyenne, très-bonne.	Fin d'automne.	Vigueur convenable.
Reine des Reinettes.	Très-grosse pomme, bonne surtout au compote.	Octobre.	Arbre très-vigoureux.
Reinette d'Angleterre.	Assez grosse et bonne. Assez longue, bonne et de longue garde.	Décembre-janvier.	Vigueur ordinaire.
— de Bretagne.	Assez grosse, bonne et de longue garde.	Novembre-janvier.	Arbre vigoureux.
— de Canada.	Moyenne, très-bonne.	Automne.	Vigoureux.
— grise.	Grosse, délicieuse et de longue garde.	Hiver.	Vigueur ordinaire.
— du Coux.	Assez grosse et très-bonne.	Novembre-février.	Vigueur moyenne.
— de Cusy.	Moyenne, bonne.	Hiver.	Vigueur ordinaire.

Choix de Pommes à cultiver. (Suite.)

NOMS.	VOLUME ET QUALITÉ.	ÉPOQUES DE MATURITÉ.	OBSERVATIONS.
Reinette de Hollande.	Grosse, et très-bonne quand on a la manger à point.	Fin d'automne.	Vigoureux.
— de Vignes.	Assez grosse et très-bonne.	Hiver et printemps.	Vigoureux.
— franche.	Moyenne et ordinaire.	Janvier-mai.	Assez vigoureux.
— grise de Saintonge.	Moyenne et très-bonne.	Fin d'hiver.	Vigoureux.

Choix de Prunes à cultiver.

Coe's golden drop.	Grosse, d'un blanc jaunâtre, excellente.	Septembre-octobre.	Vigoureux.
Emma violet.	Moyenne, violette, bonne.	Fin août.	Vigoureux et peu productif d'abord.
Prune de Montfort.	Assez grosse, ovale, violet foncé, bonne.	Mi-août.	Vigueur moyenne.
Jaune tardive.	Moyenne, ovoïde, jaune ambré.	Fin septembre.	Vigoureux et productif.
Jefferson.	Grosse, ovale, jaune, bonne.	Août-septembre.	Vigueur ordinaire.
Kirk's.	Grosse, presque ronde, pourpre foncé, délicatesse.	Septembre.	Assez vigoureux.
Mirabelle (petite).	Petite, ronde, jaune pointillé de rouge, excellente.	Mi-août.	Peu vigoureux.
— (grosse)	Un peu moins petite que la précédente, ronde, jaune terne, bonne.	Août-septembre.	Vigueur ordinaire.
Monsieur hâtif.	Assez grosse, violet foncée, bonne.	Juillet-août.	Vigueur ordinaire.
Perdrigon jaune.	Assez grosse, arrondie, excellente.	Mi-août.	Vigueur ordinaire.
Précoce de Tours ou Madeleine.	Moyenne, ovoïde, rouge-violet, très-sucrée.	Août-septembre.	Vigueur ordinaire.
Reine-Claude verte.	Moyenne, oblongue, violette, très-fleurie, assez bonne.	Fin juillet.	Assez vigoureux.
	Assez grosse, arrondie, vert-jaunâtre, la meilleure des prunes.	Août.	Vigueur moyenne.
Tardive musquée. —diaphane.	Assez grosse, jaunâtre, très-bonne. Assez grosse, ovale, violet foncé.	Fin août. Septembre.	Très-vigoureux. Beau vigueur.

Choix de Pêches à cultiver.

Prune d'Agen.	Moyenne, allongée, violet rosé, excellente pour pruneaux.	Août-septembre.	Vigoureux.
Quetsche d'Allemagne.	Moyenne, allongée, violet foncé. Pour pruneaux.	Septembre.	Vigoureux.
— d'Italie.	Grosse, ovale renflé, violet très-foncé. Pour pruneaux.	Fin septembre.	Vigueur ordinaire.
Reine-Claude de Bavay.	Grosse, un peu ovale, vert jaunâtre. Pour l'œno-de-vin.	Fin septembre.	Très-vigoureux.
Sainte-Catherine.	Assez grosse, ovale, jaune terne, bonne surtout pour pruneaux.	Commencement de septembre.	Assez vigoureux.
Pond's seedling.	Grosse, conçoivre, pyriforme, d'un bel effet pour dessert.	Mi-septembre.	Vigueur ordinaire.
Grosse mignonne hâtive.	Grosse; adhère un peu au noyau.	Fin juillet (Paris).	Vigoureux.
— ordinaire.	Ordinaire. Moins grosse que la précédente, très-parfumée; adhère un peu au noyau.	Août-septembre.	
Belle-Bausse.	Grosse, fondante et parfumée.	1er quinzaine de septembre.	Ces sept sortes de pêche constituent le premier choix.
Galande.	Plus grosse que la grosse mignonne, très-fine, mais un peu ferme.	Août-septembre.	
Madeleine de Courson.	Grosse et excellente.	Septembre.	
Pêche de Malte.	Moyenne, assez musquée.	Septembre.	
Bourarrier.	Grosse, fine, se détachant bien du noyau.	Fin septembre et octobre.	

Les Pêches du second choix sont: la Petite Mignonne (fin juillet); la Belle de Vitry (septembre); la Reine des Vergers (septembre); la Téton de Vénus (fin septembre et octobre); et la Bourdine (fin septembre).
Les meilleurs Brugnons sont: le Brugnon musqué, le Brugnon violet et le Brugnon Chanvière.

Choix d'Abricots à cultiver.

Abricot alberge.	Moyen; bon.	Mi-août.	L'Abricot de Montgamet et l'Abricot de Tours ce sont des variétés.
Abricot Angoumois.	Moyen; bon.	Mi-juillet.	
— Hemings.	Assez gros; assez bon.	Premiers jours de septembre.	
— commun.	Assez gros; bon.	Fin juillet.	
— pêche.	Très-gros et très-bon.	Fin août.	

NOMS.	VOLUME ET QUALITÉ.	ÉPOQUES DE MATURITÉ.	OBSERVATIONS.
Alberghi.	Grosse grappe ; violet clair.	15 octobre.	En espalier.
Angelico ou Guillan.	Grolles grue, blanc ambré.	Fin septembre.	»
Raisicor de Yokal.	Assez gros ; violet.	Fin septembre.	»
Bidane (Raisin jaune).	Bidane grappe, graine gros, oroi.	15 septembre.	»
Caillaba.	Muscat violet, noir, moyen, déli.	Fin août.	»
Chasselas de Fontainebleau.	Belles grappes. Très-bon.	Septembre.	»
Chevelle blanche.	Grosses grappes, très-bon.	Septembre.	»
Foulard rose.	Gros graine oblongs.	Fin août.	»
Frankenthal.	Grolles moyens.	Fin septembre.	»
Madelaine noire.	Grolles gros, noir-violet.	Octobre.	»
Muscat de Syrie.	Véflocon, mais présenm.	Juillet-août.	»
— noir du Jura.	Grappe longue, graine gros, oroides.	Septembre.	»
Panse prècone.	Grappe moyenne, longue, graine grosse.	Septembre.	»
Verdal.	Gros graine ambré, petite.	Août.	»
	Blanc, grappe grosse, graine ovoïde peu serrée.	Septembre.	»

1. L'ouvrage de M. Carrière, La Vigne, contient le Catalogue complet des Raisins de table ; cet ouvrage a été édité par la Librairie agricole, rue Jacob, 26, à Paris.

FIN.

NOMS.	VOLUME ET QUALITÉ.	ÉPOQUES DE MATURITÉ.	OBSERVATIONS.
de Versailles.	Moyen ; très-bon.	Fin août.	
gros Saint-Jean.	Très-gros, bon.	Commencement de juillet.	
précoce.	Petit, assez bon.	Juin-juillet.	
Royal.	Gros, très-bon.	Juillet-août.	

Choix de Cerises à cultiver.

BIGARREAUX.

B. gros blanc (juin).		
B. gros hâtif (mai-juin).		
B. gros rouge (fin juillet).		
B. gros noir (juin-juillet).		
B. Napoléon (juin-juillet).		

GUIGNES.

G. blanche entière (mai-juin).	
G. noire hâtive (mai-juin).	
G. Chin's' heart (juin-juillet).	
G. Riou (juillet-août).	
G. Algér (juillet-août).	

GRIOTTES.

G. blanche entière (mai-juin).	Griottes probablement mixtes.
G. commune hâtive (juin-juillet).	
G. commune tardive (juillet-août).	
G. de Portugal (mi-juillet).	
G. de la Toussaint (septembre-octobre).	

CERISES.	
Belle de Chatenay — magnifique (juillet-août).	
Duchesse de Palluau (fin juin).	
de Montmorency à longue queue (juillet).	
Reine-Hortense (juin-juillet).	
Royale d'Angleterre hâtive (juin).	
Royale d'Angleterre tardive (juillet-août).	

TABLE DES MATIÈRES.

———

TABLE DES MATIÈRES.

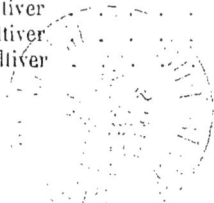

FIN DE LA TABLE DES MATIÈRES.

MONTEREAU. — IMPRIMERIE DE L. ZANOTE.

CATALOGUE

DE LA

LIBRAIRIE AGRICOLE

DE

LA MAISON RUSTIQUE

RUE JACOB, 26, A PARIS

DIVISION DU CATALOGUE

JANVIER 1865.

CE CATALOGUE ANNULE LES CATALOGUES PRÉCÉDENTS

AVIS IMPORTANT

Toute commande de livres publiés à Paris, si elle est faite par un abonné du *Journal d'Agriculture pratique* de la *Revue horticole*, ou de la GAZETTE DU VILLAGE et accompagnée du prix de ces livres en un mandat sur Paris, ou, ce qui est plus sûr, en un bon de poste dont on garde la souche, qui sert de quittance, est expédiée sur tous les points de la *France*, de la *Corse*, de l'*Algérie* et de l'*Italie*, *franco*, au prix marqué dans les catalogues, c'est-à-dire au même prix qu'à Paris.

Les commandes de plus de 50 fr., faites dans les mêmes conditions, sont expédiées *franco* et sous déduction d'une *remise de dix pour cent.*

Quel que soit le chiffre de la commande, la remise est toujours de *dix pour cent* pour les abonnés, lorsque, au lieu d'expédier par la poste les ouvrages demandés, la *Librairie agricole* les livre au comptant à Paris.

Le catalogue de la *Librairie agricole* est expédié *franco* à toute personne qui le demande *franco.*

On ne reçoit que les lettres affranchies.

ABRÉVIATIONS.

B. J.,	lisez *Bon Jardinier.*	Jard., J.,	lisez *Jardinier.*
Bibl., B.,	— *Bibliothèque.*	Pag., p.,	— *pages.*
Col.,	— *coloriées.*	Pl.,	— *planche.*
Cult., C.,	— *Cultivateur.*	T.,	— *tome.*
M. R.,	— *Maison Rustique.*	V.,	— *voir.*
Grav., gr.,	— *gravure.*	Vol., v.,	— *volume.*

Montereau. — Imp. L. ZANOTE.

MAISON RUSTIQUE DU 19ME SIÈCLE

CINQ VOLUMES GRAND IN-8 A DEUX COLONNES

ÉQUIVALANT A 25 VOL. IN-8 ORDINAIRES, AVEC 2,500 GRAVURES

REPRÉSENTANT

LES INSTRUMENTS, MACHINES, ANIMAUX, ARBRES, PLANTES, SERRES, BATIMENTS RURAUX, ETC.,

publiés sous la direction de

MM. BAILLY, BIXIO & MALPEYRE.

Table des principaux Chapitres de l'Ouvrage

TOME Ier. — AGRICULTURE PROPREMENT DITE

Climat.	Labours.	Conservation des ré-	Plantes-racines.
Sol et sous-sol.	Ensemencements.	coltes.	Plantes fourragères.
Amendements.	Arrosements.	Voies de communica-	Maladies des végé-
Engrais.	Irrigations.	tion.	taux.
Défrichement.	Récoltes.	Céréales.	Animaux et insectes
Dessèchement.	Clôtures.	Légumineuses.	nuisibles.

TOME II. — CULTURES INDUSTRIELLES; ANIMAUX DOMESTIQUES

Plantes oléagineuses.	Vigne.	Animaux domestiques	Cheval, âne, mulet.
— textiles.	Houblon.	Pharmacie vétérinaire	Races bovines.
— économiques.	Mûrier.	Maladies des animaux	Races ovines.
— potagères.	Arbres olivier.	Anatomie.	Races porcines.
— médicinales.	— noyer.	Physiologie.	Basse-cour.
— aromatiques.	— de bordures.	Elevage et engraisse-	Lapin, pigeon.
— tinctoriales.	de vergers.	ment.	Chiens.

TOME III. — ARTS AGRICOLES

Lait, beurre, fromage.	Vers à soie.	Lin, chanvre.	Résines.
Incubation artificielle	Abeilles.	Fécule.	Meunerie.
Laine.	Vins, eaux-de-vie.	Huiles.	Boulangerie.
Conservation des	Cidres, vinaigres.	Charbon, tourbe.	Sels.
viandes.	Sucre de betterave.	Potasse, soude.	Chaux, cendres.

TOME IV. — FORÊTS; ÉTANGS; ADMINISTRATION; CONSTRUCTION

Pépinières.	Empoissonnement.	Administration.	Constructions.
Arbres forestiers.	Législation rurale.	Choix d'un domaine.	Attelages.
Culture des forêts.	Droits de propriété.	Estimation.	Mobilier.
Exploitation.	Bail, Cheptel.	Acquisition.	Bétail, engrais.
Abatage.	Biens communaux.	Location.	Système de culture.
Estimation.	Police rurale.	Améliorations.	Ventes et achats.
	Aménagement.	Capital.	Comptabilité.
êche, Étangs.	Plantation.	Personnel.	

TOME V. — HORTICULTURE

Terrain, engrais.	Semis-greffes.	Jardin fruitier.	Plans de jardins.
Outils, paillassons.	Pépinières.	— fleuriste.	Calendrier du Jardi-
Couches, bâches.	Taille.	— potager.	nier.
Serres.	Arbres à fruits.	Culture forcée.	— du forestier.
Orangerie.	Légumes.	Fleurs.	du magnanier

Prix des cinq volumes (ouvrage complet). 39 50
Chaque volume pris séparément . . . . 9 »

Il n'y a pas d'agriculteur éclairé, pas de propriétaire qui ne consulte assidûment la *Maison Rustique du 19e siècle*; ce livre, expression la plus complète de la science agricole pour notre époque, peut former à lui seul la bibliothèque du cultivateur. 2,500 gravures réparties dans le texte parlent aux yeux et donnent aux descriptions une grande clarté.

AGRICULTURE — ÉCONOMIE RURALE.

Agriculture (Traité d'), par Mathieu DE DOMBASLE. 5 vol.. 30 »

Agriculture au coin du feu ; par Victor BORIE. 1 vol. in-12 de 290 pages. . . . . 3 »

Agriculture provençale (Essai d'un traité d'), par GUILLON. 2 vol. in-18 ensemble de 800 pages. . . . . 5 »

Agriculture provençale (Vade mecum de l'), par GUILLON. 1 vol. in-18 de 136 pages. 2

Agriculture (Cours d') ; par DE GASPARIN, membre de l'Académie des Sciences, ancien ministre de l'Agriculture. Six vol. in-8 et 233 gr. 39 50

TOME 1er. — Analyse des terres. — Propriétés physiques des terres. — Géologie agricole. — Classification des terrains agricoles. — Evaluation des terrains. — Amendements. — Engrais.

TOME II. — Météorologie. — Architecture rurale.

TOME III. — Mécanique agricole. — Culture. — Cultures spéciales.

TOME IV. — Suite des cultures spéciales.

— Plantes fourragères. — Arboriculture.

TOME V. — Assolements. — Systèmes de culture. — Economie rurale. — Administration de la propriété.

TOME VI. — Nutrition des plantes. — Habitation des plantes. — Appendice. — Tables analytiques des matières et des gravures contenues dans les six volumes.

C'est un Traité complet d'agriculture au point de vue théorique et pratique. Le cultivateur y trouve classée dans un ordre méthodique la solution de tous les problèmes agricoles. Amendements, engrais, instruments, cultures, analyse chimique des plantes, des sols et des engrais, économie rurale, toutes les questions sont traitées avec autorité par l'illustre écrivain. 233 gr. accompagnent le texte et ajoutent aux descriptions une démonstration matérielle.

Le sixième volume, publié en 1860, est terminé par une table analytique et alphabétique des matières contenues dans l'ouvrage complet.

Agriculture (Cours d'), et chaulages de la Mayenne ; 2e édition, par JAMET, président du comice de Craon, ancien représentant. 400 pages in-12. . . . . 3 50

Agriculture (Cours complet d') ou nouveau Dictionnaire d'agriculture, d'économie rurale et de médecine vétérinaire, par MIRBEL DE MOROGUES, etc. 19 vol. grand in-8 à 2 col., avec 500 grav. . 50 »

Agriculture (Cours élémentaire d'), par BORIE. 1 vol. in-18 de 126 pag. et 55 grav. . . . . 75 c.

PREMIÈRE ANNÉE :

Définition du sol,
Engrais, — Amendements,
Drainage,
Irrigations, — Labours.

* NOTA. — M. Borie publiera dans le courant du mois de mars 1865, la 2e année de son *Cours élémentaire d'Agriculture.*

Agriculture des terrains pauvres, par LAVERGNE, ancien représentant du peuple. 1 vol. in-18 de 200 pages. . . . . 5 »

Agriculture (Eléments d'), par BODIN, 4e édition. 1 vol. in-18 de 560 pages. 1 75

Agriculture française (Enquête sur l'), par une réunion de députés. 1 vol. in-8 de 244 pages. . . . . 2 fr. 50

Agriculture (Mélanges d'), par GIRARDIN. 2 vol. in-12. . 10 »

Agriculture (Manuel populaire d') à l'usage des cultivateurs d'Argentan ; par DE VIGNERAL. 92 pages in-8. . . . . 1 25

Agriculture et Population, par L. DE LAVERGNE, membre de l'Institut. 1 vol. in-18 de 412 pages. 3 50

Agriculture proprement dite. 576 pages in-4 et 776 grav. 9 »
Forme le premier volume de la *Maison Rustique*.

Allemande (L'Agriculture), ses écoles, son organisation, ses mœurs
et ses pratiques; par ROYER, inspecteur général de l'agriculture. 1 vol.
grand in-8 de 542 pages. 7 50

Almanach du Cultivateur; par les Rédacteurs de la *Maison Rustique.* 188 pages in-18 et 80 gravures. 0 50
Une nouvelle édition de cet almanach est publiée chaque année.

Alucite des céréales, ses ravages et moyens de les faire cesser; par
DOYÈRE. 110 pages in-4, gravures et 3 planches. 3 50

Anatomie comparée, recueil de planches dessinées par Georges
CUVIER ou exécutées sous ses yeux par LAURILLARD, publié sous les aus-
pices de M. le ministre de l'instruction publique, et sous la direction de
MM. LAURILLARD et MERCIER. Cette publication comprend 24 livraisons de
14 planches chacune, avec texte. — Chaque livraison. . . . . . . 14 »

Animaux de la ferme, par VICTOR BORIE, voir p. 34.

Annales de Roville; par Mathieu de DOMBASLE. 9 vol. in-8. . . 61 50

Annales de l'Institut agronomique de Versailles. 1 vol.
in-4 de 418 pages, avec 4 planches. 5 50

Assolements et systèmes de culture, par HEUZÉ. 1 vol. in-8
de 536 pages et de nombreuses gravures sur bois. . . . . 9 »

Avenir de l'Agriculture, par l'enseignement agricole, par
Ed. MAGNIER. . . . . 40 c.

Betteraves (Traité pratique de la culture des), par SARRAZIN.
1 vol. in-8 avec planches. . . . . 2 »

Blé et pain (Liberté de la boulangerie), par BARRAL. 1 vol.
in-12 de 692 pages et 11 gravures. . . . . 6 »

Blé (La Question du), par Ed. LECOUTEUX. Br. de 32 pages. . 1 »

Bibliothèque du Cultivateur, publiée avec le concours du ministre
de l'Agriculture. 25 volumes in-18 à 1 fr. 25 le volume, savoir:

TRAVAUX DES CHAMPS; par VICTOR BORIE, 188 pages et 121 gravures. . 1 25
AGRICULTEUR COMMERÇANT (Manuel de l'), par SCHWERZ, traduit par VIL-
LEROY. 5e édit., 552 pages. 1 25
CULTURE GÉNÉRALE ET INSTRUMENTS ARATOIRES, par LEFOUR. 1 vol. in-
18 de 160 pages et 140 gravures. 1 25
FERMAGE (estimation, plan d'amélioration, baux); par LE GASPARIN, mem-
bre de l'Institut, ancien ministre de l'Agriculture. 5e édit., 384 pages. . 1 25
MÉTAYAGE (contrat, effets, améliorations); par DE GASPARIN. 2e édit. 166 p. 1 25
SOL ET ENGRAIS, par LEFOUR. 170 pages et 512 gravures. 1 25
FUMIERS DE FERME ET COMPOSTS; par FOUQUET. 2e édit, 200 p. et 19 grav. 1 25
MÉDECINE VÉTÉRINAIRE (Notions usuelles de), par SANSON. 1 vol. de 180 p. 1 25
NOIR ANIMAL (Le). Analyse, emploi, vente; par BOBIERRE. 156 p. et 7 grav. 1 25
PLANTES RACINES, par LEBOCTE. 1 vol. de 230 pages et 24 gravures. . 1 25
PRAIRIES, par DEMOOS. 1 vol. in-18 de 210 pages et 67 gravures . 1 25
CHOUX, Culture et Emploi, par JOIGNEAUX. 1 vol. in-18 de 180 p. et 14 gr. 1 25
HOUBLON; par EDATE, traduit par NICKLÈS. 156 pages et 22 gravures. 1 25
RACES BOVINES; par DAMPIERRE. 2e édition, 196 pages et 28 gravures. 1 25
BÊTES BOVINES (L'Éleveur de), par VILLEROY. 500 pages et 60 gravures. 1 25

VACHES LAITIÈRES (Choix des), par Magne. 144 pages et 59 gravures. . . 1 25
ANIMAUX DOMESTIQUES, par Lefour. 1 vol. in-18 de 162 pages et 57 gr. 1 25
CHEVAL, ANE ET MULET, par Lefour. 1 vol. de 162 pages et 500 grav. 1 25
ENGRAISSEMENT DU BŒUF, par Vial. 1 vol. in-18 de 180 pag. et 12 grav. 1 25
CHEVAL (Achat du), par Gayot. 1 vol. de 216 pages et 25 gravures. . . 1 25
BASSE-COUR, PIGEONS ET LAPINS, par Mⁿᵉ Millet. 4ᵉ édit. 180 p., 31 gr. 1 25
POULES ET ŒUFS, par E. Gayot. 1 vol. de 216 pages et 35 gravures. . . 1 25
ECONOMIE DOMESTIQUE, par Mⁿᵉ Millet. 3ᵉ édit. 245 pages et 78 grav. . 1 25
CONSTRUCTIONS ET MÉCANIQUE AGRICOLES, par Lefour. 160 p. et 141 gr. 1 25
COMPTABILITÉ ET GÉOMÉTRIE AGRICOLES, par Lefour. 204 p. et 104 grav. 1 25

Cette série de petits traités spéciaux, ornés d'un grand nombre de gravures, est publiée avec le concours du ministre de l'Agriculture; c'est assez dire que la rédaction en a été confiée à des écrivains dont le nom connu en agronomie était une garantie de la valeur du livre. Ces traités, écrits simplement et sagement, sont indispensables à tous les hommes pratiques.

Bon Fermier (Le), Aide-mémoire du Cultivateur, par Barral. 3ᵉ édition. 1 vol. in-12 de 1,448 pages et 200 grav. . . . . 7 »
Ouvrage contenant : le calendrier détaillé — le tableau des foires de chaque département — des tables usuelles pour la détermination du poids du bétail et pour les principaux besoins de l'agriculture — les travaux agricoles de chaque mois pour toutes les parties de la France — les distilleries — féculeries — brasseries et autres industries annexées aux exploitations rurales — la mécanique agricole complète, avec description et gravure des meilleurs instruments aratoires, machines, etc.

Bornage. Voir *Maison Rustique*, t. IV.
Calendrier du Bon Cultivateur, par Mathieu de Dombasle. 10ᵉ édition. 1 vol. in-12 de 872 pages et 5 planches. . . . 4 75
Calendrier agricole (LES DOUZE MOIS), par Victor Borie. 1 vol. in-8 à 2 colonnes de 412 pages et 95 gravures. 3 50
Ce livre, divisé en quatre parties, contient, 1° des *proverbes et maximes* agricoles; 2° des *causeries* sur l'économie rurale; 3° les *travaux du mois* indiquant, pour chaque mois, les travaux des champs à accomplir : labours, défrichements, cultures, etc.; les travaux de la ferme, les travaux spéciaux, forestiers, viticoles, horticoles; les soins à donner aux animaux domestiques, etc.; 4° sous le titre *Variétés*, il donne une étude complète sur les diverses races bovines de l'Europe, un exposé du système décimal, etc., etc.
Calendrier du Cultivateur. Voir *Bon Fermier*.
Carte de France, agricole et physique par Houpin, 1 feuille pliée et renfermée dans un carton. 2 50
Catéchisme de l'agriculteur provençal, par Guillon. 1 vol. in-18 de 52 pages. . . . . 1 »
Causeries sur l'agriculture et l'horticulture, par Joigneaux, 1 vol. in-18 de 196 pages et 27 gravures. 3 50
Chaulage. Voir *Amendements*, p. 13.—V. *Maison Rustique*, t. I et III.
Colline de Sansan. Récapitulation des espèces d'animaux vertébrés fossiles trouvés à Sansan, par Lartet. 48 pages in-8 et 1 planche. 1 fr. 25
Colonies agricoles (Études sur les) de mendiants, jeunes détenus, orphelins et enfants trouvés de Hollande, Suisse, Belgique, France, par de Lurieu et Rômand, inspecteurs généraux des établissements de bienfaisance. 1 vol. in-8 de 462 pages. 7 50
Comices agricoles, par A. Bertin. 1 vol. in-12 de 214 pages. 1 »
Comices (Appel aux), par J. Martinelli. 32 pages in-8. . 0 50
Comices (Guide des), par Jacques Bujault. in-18, de 20 pag. 0 25

Comptabilité agricole en partie double; par Ed. DE GRANGES. 2ᵉ édit. 1 vol. in-8 de 312 pages et tableaux. . . . . 5 »

Papier réglé pour registres de comptabilité.
La main de 24 feuilles in-folio avec couverture. . . . 2 50
— in-quarto — . . . 1 25

Comptabilité agricole (Agenda de); par JOUBERT. In-4. 3 »

Comptabilité agricole (Notions pratiques de), par DUGUÉ. Une brochure in-8º de 32 pages 1 25

Comptabilité agricole (Manuel de), par SAINTOIN-LEROY. 2ᵉ édit. 1 vol. grand in-8 et tableaux. . . . . 5 »

Registres dressés pour l'application de la comptabilité de M. Saintoin-Leroy.
1º Mémorial de l'agriculteur, 1 vol. in-4 oblong. . . . . . . 4 »
2º Livre de caisse — 2 50
3º Journal — . . . . . . 3 »
4º Grand-Livre — . . . . . . 2 »
5º Cahier quadrillé avec instructions 1 25
6º — sans instructions . . . . » »
On vend séparément chaque registre et chaque cahier.

Comptabilité de la petite culture, par LE MÊME. 1 vol. — 1 25

Conseils aux agriculteurs sur l'art d'exploiter le sol avec profit, par DEZEIMERIS, ancien député. 3ᵉ édit. 1 vol. in-12 de 654 pag. 3 50

Constructions rurales. Voir p. 12 et *Maison Rustique*, t. IV.

Coton en Algérie (Culture du), par ADOLPHE KAINDLER. Une brochure in-18. . . . . 1 »

Crédit agricole (Projet de); par RONDEAU, ancien représentant du peuple. 1 vol. in-18 de 236 pages. . . . . 2 »

Crédit agricole en France, par BRETON. 100 pages in-8. . . . 1 »

Culture améliorante (Principes de la), par E. LECOUTEUX, ancien directeur des cultures à l'Institut agronomique de Versailles 2ᵉ édition. 1 vol. in-12 de 400 pages. . . . . 3 fr. 50

Cultures industrielles. Voir *Maison Rustique*, t. II.

Culture (Traité des entreprises de grande), ou principes d'économie rurale; par LECOUTEUX. 2 vol. in-8, formant ensemble 1,136 pages. 15 »

Culture et fécondation artificielle des céréales, système Hooïbrenk; par ROCHUSSEN. 1 vol. in-8 de 54 pages, avec 3 planches. 1 50

Défrichements. Voir *Maison Rustique*, t. I et IV.

Défrichement (Manuel théorique et pratique du); par BRETON. 1 vol. in-8 de 400 pages. . . . . 4 »

Desséchements. Voir *Maison Rustique*, t. I.

Desséchement des Moëres, par Cobergher, en 1622. Notice par BORTIER. 8 p. in-8, portrait de Cobergher et carte des Moëres. 1 »

Plantes économiques. Batate, Betterave, Chicorée, Tabac. Voir *Maison Rustique*, t. II, et *Bon Jardinier*.

Plantes fourragères; Graminées, Légumineuses. Voir *Maison Rustique*, t. I, et *Bon Jardinier*.

Plantes fourragères (Traité des); par Henri LECOQ. 2ᵉ édition. 1 vol. in-8 de 506 pages et 40 gravures. 7 50

Plantes fourragères; par HEUZÉ. 3ᵉ édition. 1 vol. in-8 de 582 p., avec 42 vignettes sur bois et 20 gravures coloriées. . . . . 10 »

Plantes industrielles; par HEUZÉ. 2 vol. in-8 de 896 pages, avec les vignettes sur bois et 20 gravures coloriées. . . . . . . 18 »

Plantes légumineuses. Fèves, Haricots, Pois, Lentilles. Voir *Maison Rustique*, t. I, et *Bon Jardinier*.

Plantes médicinales. Guimauve, Réglisse, Pavot, Rhubarbe, Mélisse, Menthe, Sauge, Absinthe, Tamarin, Camomille, Scille, Sureau, Tilleul, Houblon, Moutarde, etc. Voir *Maison Rustique*, t. II.

Plantes nuisibles en agriculture. Voir *Maison Rustique*, t. I.

Plantes potagères. Artichauts, Asperges, Choux, Courges, Potirons. Voir *Maison Rustique*, t. II, et *Bon Jardinier*.

Plantes propres aux usages de sparterie. Stippe, Jonc, Liglé, Massept, Scirp. Voir *Maison Rustique*, t. II, et *Bon Jardinier*.

Plantes textiles. Lin, Chanvre, Cotonier, Phormium, Orties, Genêt, Agave, Apocin, Mauve, Abutilon, Alcée. Voir *Maison Rustique*, t. II.

Plantes tinctoriales. Garance, Safran, Pastel, Indigotier, Gaude, Tournesol, Carthame, Morelle, Orcanette. Voir *Maison Rustique*, t. II.

Plantes utiles dans divers arts. Chêne, Myrte, Sumac, Roscau, Maclava, etc. Voir *Maison Rustique*, t. II, et *Bon Jardinier*.

Plantes, arbres, arbustes (Manuel général des), page 27.

Plantes et arbres oléagineux. Colza, Choux, Navette, Cameline, Moutarde, Julienne, Pavot oléifère, Radis, Soleil, Sésame, Ricin, Euphorbe, Pistache, Olivier, Noyer, etc. Voir *M. R.*, t. II, et *Bon Jard*.

Plantes et arbres propres à donner des liqueurs vineuses. Pommier, Poirier, Cormier, Sorbier, Cerisier, Prunier, Framboisier, Sureau, Arbousier, Caroubier, Dattier, Bouleau, Érable, Agave, etc. Voir *Maison Rustique*, t. II, et *Bon Jardinier*.

Plantes (Maladies des). Voir *Maison Rustique*, t. I.

Police rurale (Manuel de); par THUROUX. 1 vol. in-32 de 404 pages. . . . . 2 fr.

Pommes de terre. Voir *Maison Rustique*, t. I.

Prairies. Voir *Maison Rustique*, t. I.

Prairies. Voir *Bibliothèque du Cultivateur*, p. 5.

Prairies (Irrigation des). Voir page 16.

Prairies artificielles (Essai sur les) : Luzerne, Trèfle ordinaire, Trèfle printanier, et Sainfoin ou Esparcette; par MACHARD. In-18. 1 »

12

CONSTRUCTIONS — INSTRUMENTS — ARTS AGRICOLES.

Architecte (Le Propriétaire), par Vitry. 2 v. in-4 et 100 gr. 20 »

Arts agricoles. 1 vol. in-4 de 500 pages et 530 gravures. . . 9 »
. Forme le III° volume de la *Maison Rustique*.

Bergeries, Écuries, Étables, Porcheries, Poulaillers. V. *M. R.*, t. II et IV.

Boissons. Voir page 17. — Voir *Maison Rustique*, t. III.

Boulanger (Art du). Voir *Maison Rustique*, t. III.

Charbon (Fabrication du). Voir *Maison Rustique*, t. III et IV.

Charrue (Manuel de la), par Casanova. 1 vol. in-18 de 176 pages
et 85 gravures. 1 75

Chemins (Construction, entretien des). Voir *M. R.*, t. I et IV.

Chemins ruraux (Code formulaire des); par Bost,
1 vol. in-8, de 172 pages 2 50

Clôtures rurales. Voir *Maison Rustique*, t. I.

Constructions rurales. Voir *Maison Rustique*, t. I et IV.

Constructions rurales (Manuel des); par Bona. 3° édition.
1 vol. in-18 de 296 pages. 3 50

Fécule (Fabrication de la). Voir *Maison Rustique*, t. III.

Ferme de Canisy, par de Kergorlay. 24 p. in-4 et 52 grav. 1 »

Huiles d'Olive, de Graines, etc. Voir *Maison Rustique*, t. III.

Instruments aratoires, Bêches, Charrues, Herses, Rouleaux, Se-
moirs, Brouettes, Charrettes, Extirpateurs, Ratissoires, Houes, Sarcloirs,
Buttoirs, Sapes, Faux, etc. Voir *Maison Rustique*, t. I.

Laines (Triage, lavage, conservation des). Voir *M. R.*, t. III.

Machines à battre (La vérité sur les); par de Planet. 1 vol.
in-18 de 256 pages. . . . . 2 »

Machines à battre (Le conducteur de); par Damby. 1 vol.
in-18 de 108 pages. 1 50

Machines à moissonner. (Rapport du jury sur le Concours de 1859)
64 pages grand in-8, 34 gravures. . . . . 1 »

Machines à moissonner, à battre; Moulins, Pétrins. Voir *M. R.*, t. III.

Meules, Granges, Greniers. Voir *Maison Rustique*, t. I et IV.

Meunier (Art du). Voir *Maison Rustique*, t. III.

Résines et produits résineux. Voir *M. R.*, t. III.

AMENDEMENTS — ENGRAIS — CHIMIE — PHYSIQUE.

ABEILLES — MURIERS — SOIE — VERS A SOIE.

DRAINAGE — IRRIGATION — ÉTANGS — PISCICULTURE.

Desséchement et assainissement des terres, par THACKERAY, in-8 de 32 pages. . . . . 1 »

Drainage des terres arables ; par BARRAL. 2ᵉ édition. 2 vol. in-12 formant ensemble 960 pages et contenant 445 grav. et 9 pl. . . 7 »

   Ouvrage couronné par l'Académie des sciences en 1863, comme étant, avec le journal d'agriculture pratique, celui qui a fait faire les plus grands progrès à l'agriculture française pendant ces dix dernières années.

Drainage (Traité pratique de); par LECLERC, ingénieur, chef du service du Drainage en Belgique. 1 vol. in-12 de 354 p., 127 gr. 3 50

Drainage (Moyen d'obtenir du) tout son effet utile; par NIVIÈRE, ancien directeur de l'école de la Saulsaie. In-12 de 36 pages. . . . 0 75

Drainage (Faits de), débit des terres drainées, position des plans d'eau souterrains, par DELACROIX. 84 pages in-18 et 4 gravures. 1 25

Drainage dans les prés et les herbages; par d'ANGLEVILLE. 30 p. in-8. 1 »

Drainage rendu facile, par VIREBENT. 40 p. in-8 et 3 planches. 1 25

Drainage appliqué à l'agriculture des landes, par MABTRES. 70 p. . . 1 »

Drainage (Le) et l'Irrigation; par MIDY. 25 pages in-8. . . . 0 50

Drainage (Philosophie et Art du), par THACKERAY. 96 p. . 2 50

Drainage (Système de); par BENOIT. in-8, 24 pages et une pl. 1 »

Drainage radié (Le) ou sans tuyaux; par MIDY. 48 pages in-8. . 0 75

Draineur (Guide pratique du); par STÉPHENS, traduit de l'anglais par D'OMALIUS. 1 vol. in-12 de 296 pages et 88 gravures. . . . 1 75

Eaux pluviales, par BARRAL; avec un rapport d'Arago. 92 p. in-4. 1 75

Hydromètre; par André MICHAUX, de l'Institut. In-4 et 1 planche. 0 75

Inondations (Études expérimentales sur les); par JEANDEL, ancien élève de l'École forestière. 1 vol. in-8 de 146 pages. . . . 2 50

Irrigation dans les contrées montagneuses, par SERS. Une brochure in-8, de 24 pages. 0 75

Irrigations, engrais liquides et améliorations foncières permanentes ; par BARRAL. 1 v. in-12 de 846 p. et 120 gr. . 7 50

Irrigations. Voir *Maison Rustique*, t. I.

Irrigations. Voir *Drainage, Irrigations, Engrais liquides*, p. 13.

Irrigations. Commentaire de la Loi du 29 avril 1845; par Henri
PELLAULT, docteur en droit. In-12 de 574 pages. 3 50

Irrigations (Code des), suivi des rapports de MM. DALLOZ et PASSY, et
de la Législation étrangère; par BERTIN, avocat, rédacteur en chef du
journal *le Droit*. 1 vol. in-8 de 182 pages. . . . . 3 »

Irrigations en Italie et en Allemagne (Législation des),
par MONNY DE MORNAY, chef de la division de l'agriculture au ministère
de l'agriculture. 1 vol. in-8 de 166 pages. 3 50

Législation du drainage, des irrigations et autres améliorations
foncières permanentes; par BARRAL. 1 vol. in-12 de 664 pages. . 7 50

Marais (Desséchement des). Voir *Maison Rustique*, t. I.

**Montagnes (Moyens de les reverdir par l'irrigation et de
prévenir les inondations)**; par LAMBOT-MIRAVAL. 66 pages   2 »

Pisciculture et culture des eaux, par JOIGNEAUX, 1 vol. in-18
de 358 pages et 61 gravures. 3 50

Poissons observés (Diagnose des). Ichthyologie des côtes et de
l'intérieur de la France, par DESVAUX, 176 pages. 2 50

Poissons. Éducation, Causes de destruction, Engraissement. *M. R.* t. IV

Puits et puisards. Voir *Maison Rustique*, t. I.

Viviers (Construction des). Voir *Maison Rustique*, t. IV.

VIGNE — BOISSONS — DISTILLATION — SUCRE.

Ampélographie universelle, ou Traité des cépages les plus estimés ; par le comte ODART. 5ᵉ édition. 1 vol. in-8 de 620 pages . . 7 50

Bière (Fabrication de la); par ROHART, ancien brasseur. 2 vol. in-8, avec 120 gravures et projet de brasserie modèle . . . . . . 15 »

Distillation agricole de la pomme de terre, des topinambours, etc., etc. par le comte DE LEUSSE. 1 vol. in-18 de 154 pages. . . . . 2 »

Distilleries agricoles de Betteraves. Pommes de terre, topinambours, grains (système Leplay). 1 brochure de 54 pages. . 50 c.

Échalas (Plus d'). Échalas, paisseaux et lattes remplacés par des lignes de fil de fer mobiles, par A. MICHAUX, de l'Institut. 18 p. et 1 pl. 0 40

Soufrage de la vigne (Instruction pratique sur le), par de LA VERGNE. 1 vol. in-18 de 82 pages et une planche. 1 50

Vigne (Taille de la) à cordons; vignes et vins étrangers, par LALIMAN, 1 brochure in-8 de 52 pages. 1 25

Vigne (Culture de la) et Vinification, par le Dᵣ JULES GUYOT. 2ᵉ édit. 1 vol. in-12 de 400 pages et 30 gravures. 3 50

PRINCIPAUX CHAPITRES

Sols favorables à la vigne.	Vendange, égrappage.
Culture en lignes.	Sucrage des jus.
Taille-pinçage.	Cuvaison, pressurage.
Choix des cépages.	Vins mousseux.

Vigne. Nouveau mode de culture et d'échalassement; par COLLIGNON D'ANCY. 1 vol. in-8 de 200 pages et 3 planches. . . . . . 3 »

Vigne (Culture et taille); par le Dᵣ ÉCORCHARD. 76 pages. . 2 »

Vigne (Culture de la), par Carrière, 1 vol. in-18 de 396 pages et 121 grav. 3 50

Vigne (Perfectionnement de la plantation de la), par JOBARD-BUSSY. 1 vol. in-8 de 102 pages et 1 planche. 1 50

Vigne (La), ses produits ; par le Dᵣ ARTAUD. 1 vol. in-8 de 564 p. 5 »

Vigneron (Manuel du); par le comte ODART. 3ᵉ édition. 1 vol. in-12 de 360 pages. 4 50

Vigne (Théorie pour l'amélioration de la culture de la); par GARNIER. 1 vol. in-8 de 192 pages. . . . . 2 fr.

Vin (Confection et conservation du). Voir M. R., t. III.

Vins du Gers, par SEILLAN. 11 pages in-4 et 1 carte. . . . 1 »

Vins (Pourquoi nos) dégénèrent, par TERREL DES CHÊNES, 1 brochure in-8 de 48 pages. 1

Viticulture dans la Charente-Inférieure, par le docteur GUYOT. 1 volume in-8 de 60 pages. 2 50

Viticulture du sud-ouest de la France, par le docteur GUYOT, 1 vol. in-8 de 248 pages et 89 gravures. 4 50

Viticulture dans l'est de la France, par le docteur GUYOT. 1 vol. n-18 de 204 pages et 46 gravures. 3 50

ANIMAUX DOMESTIQUES — MÉDECINE VÉTÉRINAIRE.

Age des animaux (Connaissance de l'). Voir *Maison R.*, t. II.

Anatomie et Physiologie des animaux. Voir *Maison R.*, t. II.

Ane. Voir *Maison Rustique*, t. II.

Animaux de la Ferme; par Victor BORIE. Espèce bovine en cours de publication, forme vingt livraisons. Chaque livraison renferme 2 ou 3 aquarelles et 16 pages de texte grand in-4°, édition de luxe. Cinq livraisons sont en vente : *Race Flamande, race Normande, race Bretonne, race Parthenaise, race Charolaise.* Le prix d'une livraison prise séparément est de 4 fr. Le prix des 20 livraisons payées à l'avance, est de. . . . . 60 »

Animaux utiles (Acclimatation et Domestication des) par I. GEOFFROY SAINT-HILAIRE. Président de la Société d'Acclimatation, 4° édition. 1 beau vol. in-8, de 534 pages et 47 gravures. . . . 9 »

Animaux domestiques; par BIXIO, BOULEY, RENAULT, YVART. 1 volume in-4 de 568 pages et 330 gravures, tome II de la Maison rustique 9 »

Animaux morts. Voir *Maison Rustique*, t. III.

Basse-Cour et Lapins. Voir *Bibliothèque du Cultivateur*, page 6.

Bétail gras (Le) et les Concours d'Animaux de boucherie; par Eugène GAYOT. 1 vol. in-8 de 204 pages. 3 50

Bêtes bovines. Voir *Bibliothèque du Cultivateur*, p. 5.

Bêtes Ovines (Traité des), par WECKERLIN. 1 vol. de 586 p. 3 50

CET OUVRAGE CONTIENT :

1. Histoire naturelle du mouton.
2. Études des diverses laines.
3. Classification des différentes races de moutons.
4. Multiplication des bêtes ovines.
5. Elevage, Entretien, Nourriture.
6. Emploi du mouton.
7. Choix d'une race, d'après les considérations locales.

Bœuf. Conformation, âge, hygiène, maladies, engraissement, multiplication, races, croisement. Voir *Maison rustique*, t. II.

Cheval. Extérieur, Hygiène, Maladies, Age, Multiplication, Races, Croisement, Harnachement, Ferrure. Voir *Maison Rustique*, t. II.

Chevaline (La France); par Eug. GAYOT, ancien directeur des haras. 1re partie, *Institutions hippiques*, contenant l'histoire de l'administration des haras, étalons approuvés et autorisés, étalons départementaux, primes à la production et à l'élève; courses au trot, au galop, steeple-chase. 4 vol. in-8. . . . . 26 »
2e partie, *Études hippologiques* traitant de toutes les questions de science qui aboutissent à la production et à l'élève des chevaux. Étude physiologique de toutes les races du pays et de leurs transformations. 4 vol. 26 »

Chevaline (De l'Espèce) en France; par le général DE LAMORICIÈRE. 1 vol. in-4 de 312 pages et 3 cartes coloriées. 3.50

Chevaline (émancipation de l'industrie), par JULLET. 1 brochure in-8 de 48 pages.. . . . . 1 fr. 50

Chevaux (Manuel de l'éleveur de); par Félix VILLEROY. 2 vol. in-8, avec 121 gravures. (Types des principales races.) . . . . 12 »

Anatomie et physiologie du cheval. | Éducation du cheval.
Des races de chevaux. | Nourriture des chevaux.
Des divers emplois du cheval. | Maladies des chevaux.

Chèvres. Voir *Maison Rustique*, t. II.

Chiens. Voir *Maison Rustique*, t. II.

Chirurgie vétérinaire. Voir *Maison Rustique*, t. II.

Conformation des animaux domestiques. Voir *Maison Rustique*, t. II.

Écuries. Voir page 12.

Hygiène des animaux domestiques. Voir *Maison Rustique*, t. II.

Inoculation du bétail, pour prévenir la péripneumonie; par le docteur DE SAIVE. 100 pages in-8.. . . . . 2 50

Lapins (Nouveau Traité pratique de l'éducation des diverses espèces de); par SEGOUIN. 58 pages in-12. . . . . . 0 50

Lapins. V. *Bibliothèque du Cultivateur*, p. 6.—V. *Maison Rustique*, t. II.

Mouton. Hygiène, Élève, Multiplication, Engraissement, Races, Maladies, Croisement. Voir *Maison Rustique*, t. II.

Médecine vétérinaire. Voir *Maison R.* t. II.

Médecine vétérinaire (Manuel de); par VERHEYEN. 2 vol. de 392 pages. 2 50

Mulet. Voir *Maison Rustique*, t. II.

Oiseaux de basse-cour, Poules, Dindes, Oies, Canards, Pintades, Faisans, Pigeons. Voir *Maison R.*, t. II.— Voir *Bibl. du Cultivateur*, p. 6.

Pharmacie vétérinaire. Voir *M. R.*, t. II.

Porc. Hygiène, Élève, Multiplication, Engraissement, Races, Maladies, Croisement. Voir *Maison Rustique*, t. II.

Poulailler (Le); par Ch. JACQUE. 2ᵉ édit. 1 vol. in-12 et 120 grav. 3 50

Cet ouvrage est divisé en sept parties : 1ᵉ Aménagement, 2ᵉ Incubation, élevage et alimentation, 3ᵉ Races françaises et étrangères, 4ᵉ Croisement, 5ᵉ Engraissement, 6ᵉ Maladies, 7ᵉ Utilisation et commerce des produits.

Poules de Nankin (Essai sur les), par le docteur SACC. 1 vol. in-8, de 16 pages et 2 gravures coloriées. . . . . 2 »

Races bovines, chevalines, porcines, ovines. Voir *Maison Rustique*, t. II, et *Bibliothèque du Cultivateur.*

Race bovine du Limousin (Amélioration de la), par DAIGNAUD. 1 vol. in-18 de 106 pages. 1 50

Typhus de l'espèce bovine, par DELAFOND, professeur à l'École vétérinaire d'Alfort. 20 pages in-8 et 5 gravures. 0 75

Vétérinaires (Nécessité d'encourager l'établissement des) dans les campagnes. 56 pages in-18, par RAUCH. 0 50

Vices rédhibitoires. Voir *Maison Rustique*, t. II.

ÉCONOMIE DOMESTIQUE — CUISINE.

Bon domestique, par Mᵐᵉ MILLET-ROBINET. 1 v. in-12 de 200 p. 2 »

Boissons économiques (Fabrication des). Voir *M. R.*, t. III.

Caisse d'épargne et de prévoyance. Lettres à un jeune laboureur;
    par Louir LECLERC. 3ᵉ édit. In-12 de 60 pages. 0 25

Conseils aux Jeunes Femmes, par Mᵐᵉ MILLET-ROBINET. 1 vol.
    in-18 de 284 pages et 30 gravures. . . . . 3 fr. 50

Cuisinière de la campagne et de la ville (La), par L. E. A.
    1 vol. in-12 avec figures. 42ᵉ édition. . . . . 3 »

Denrées alimentaires (Traité populaire des) par SQUILLIER. 1 vol.
    in-18 de 432 pages. 3

Fromages (Fabrication des). Voir *Maison Rustique*, t. III.

Lait et Laiterie. Voir *Maison Rustique*, t. III.

Laiterie, Beurre et Fromage, par F. VILLEROY. 1 vol. in-18 de
    390 pages et 59 gravures. 3 50

Cet ouvrage est divisé en cinq parties :

PREMIÈRE PARTIE.
Production du lait, traite des vaches, rendement du lait, composition du lait, altérations et falsifications du lait.

DEUXIÈME PARTIE
Laiterie et ustensiles de laiterie.

TROISIÈME PARTIE
Richesse du lait en beurre, fabrication du beurre, barattes, conservation du beurre.

QUATRIÈME PARTIE
Fabrication du fromage en France et en Angleterre, détails de fabrication, conservation des fromages, fruitières.

CINQUIÈME PARTIE
Commerce du lait, du beurre et des fromages.

Maison rustique des Dames, par madame MILLET-ROBINET. 2 vol.
    in-12, avec 250 gravures. 5ᵉ édition. 7 75

Cet ouvrage est divisé en quatre parties :

TENUE DU MÉNAGE
Travaux — Repas.
Comptabilité — Dépenses.
Mobilier — Linge.
Conserves — Blanchissage.

CUISINE
Potages — Sauces.
Viandes — Poissons — Gibier.
Légumes — Fruits — Purées.
Entremets — Desserts — Bonbons.

MÉDECINE DOMESTIQUE
Pharmacie — Hygiène.
Maladies des Enfants.
Médecine et Chirurgie.
Empoisonnement — Asphyxie.

JARDIN — FERME
Jardins, Potagers, Fruitiers, Fleurs, etc.
Ferme, Travaux des champs.
Basse-cour, Vacherie, Laiterie.
Bergerie, Porcherie.

Viandes (Conservation des), Salaisons, Boucanage. VOIR
    Maison Rustique, t. III.

Vie (La) à bon marché, par DELAMARRE, député de la Somme. Le
    pain, la viande, les transports. 2ᵉ édit. 1 vol. in-12 de 708 pages. 3 50

Fromages dits de Gérome (Fabrication des), par M. VACCA,
    professeur de chimie. Brochure in-8°. 0 50

BOIS — FORÊTS — CHARBON.

HORTICULTURE — ARBORICULTURE — BOTANIQUE.

Almanach du Jardinier, par les rédacteurs de la *Maison Rustique.* 188 pages et 59 gravures. 0 50
Une nouvelle édition de cet almanach est publiée chaque année.

Arboriculture (Cours pratique d'), par GAUDRY. 1 vol. in-12 de 504 pages. 2 25

Arboriculture (Manuel pratique d'), par l'abbé RAOUL. 1 vol. in-18 de 264 pages et 10 gravures. 2 50

Arboriculture (Traité élémentaire et pratique d'), par MERET. 1 vol. in-8 de 78 pages et 17 planches. 2 50

Arboriculture (Traité théorique et pratique d'), par PRÉCLAIRE. 1 volume in-8° de 178 pages et 1 atlas in-4° de 15 planches. . 5 »

Arbres fruitiers (Culture des), par BRAVY, 2° édit. 86 p. in-12. 0 75

Arbres fruitiers (Taille et Greffe des), par HARDY, 3° édit. 1 vol. in-8 et 122 grav. 5 50

Arbres fruitiers (Nouveaux principes de la taille des), par BARON. 1 vol. in-8 de 142 pages et 23 gravures (1858). . 3 50

Bibliothèque du Jardinier, publiée avec le concours du Ministre de l'Agriculture.

Douze volumes in-12 sont en vente à 1 fr. 25. le vol., savoir :

ARBRES FRUITIERS. Taille et mise à fruit; par PUVIS. 2° éd. 167 pages. 1 25
JARDINS ET PARCS; par DE CÉRIS, 1 vol. in-18, avec 60 grav. . . 1 25
DAHLIA; par PIROLLE. 1 vol. in-18 de 148 pages. 1 25
PÉPINIÈRES; par CARRIÈRE. 148 pages et 30 gravures. 1 25
PLANTES DE SERRE-FROIDE; par de PUJOT. 157 pages et 15 gravures. 1 25
LÉGUMES ET FRUITS; par JOIGNEAUX. 100 pages et 12 grands tableaux. 1 25
POTAGER (LE), jardin du cultivateur, par NAUDIN. 187 pages et 31 grav. 1 25
ASPERGE. Culture; par LOISEL. 2° édition. 108 pages et 8 gravures. 1 25
MELON. Culture; par LOISEL. 5° édition. 108 pages et 7 gravures. 1 25
PELARGONIUM; par THIBAUT. 108 pages et 10 gravures. 1 25
PENSÉE (Culture de la), par le baron de PONSORT, 1 vol. de 108 pages. 1 25
ROSIER — VIOLETTE — PENSÉE — PRIMEVÈRE — AURICULE — BALSAMINE — PÉTUNIA — PIVOINE, par MARX-LEPELLETIER. 108 pages. 1 25
Chacun de ces volumes est vendu séparément.
Cette collection de petits traités, ornée de gravures, est indispensable aux jardiniers.

Bon Jardinier (Gravures du), 21° édit. 1 vol. in-12 de 600 pag. avec 674 grav. et planches. . . . . 7 »

CONTENANT

1° Principes de botanique.
2° Principes de jardinage, manière de tailler, marcotter, greffer, disposer et former les arbres fruitiers.
3° Construction et chauffage des serres.
4° Instruments et outils de jardinage.
5° Composition et ornement des jardins.
6° Hydroplasie.

Bon Jardinier (Le), par POITEAU, VILMORIN, BAILLY, DECAISNE, NEUMANN,
PÉPIN. 1,650 pages in-12. . . . . 7 »

PRINCIPAUX CHAPITRES DU BON JARDINIER

Calendrier du Jardinier.
Notions de botanique.
Chimie et physique horticoles.
Bâches, couches.
Serres, abris.
Multiplication des plantes.
Maladies, animaux nuisibles.
Arbres fruitiers et taille.
Plantes potagères.
— médicinales.
— de grande culture.

Division des plantes par famille.
Plantes de pleine terre.
Dictionnaire de toutes les plantes, arbres et arbustes connus jusqu'à ce
jour avec leur description, le nom de
la famille à laquelle ils appartiennent,
l'époque des semis, de la floraison;
leur culture et leur emploi dans les
jardins.
Ce dictionnaire contient le nom vulgaire et scientifique de chaque plante.

Une nouvelle édition du *Bon Jardinier* est publiée chaque année.

Cet ouvrage a été couronné par la Société impériale d'horticulture.

Ce livre, sans analogue dans notre langue, compte plus de cent éditions. Il
a subi récemment une réforme complète. Chaque année, il est modifié
de manière à suivre de près les progrès accomplis, quand il ne les précède
pas. On y trouve une nomenclature de toutes les plantes de grande culture,
de toutes les fleurs, de tous les arbres fruitiers, de tous les légumes, avec les
meilleures méthodes de culture et d'entretien; des dessins représentant les
instruments nouveaux, des tables raisonnées contenant le nom *usuel* et le
nom *scientifique* des plantes, de telle sorte que le lecteur ne soit jamais embarrassé dans ses recherches.

Botanique populaire; par Henri LECOQ, professeur à la Faculté des
sciences de Clermont-Ferrand. 1 vol. in-18 de 432 pag. et 215 gr.   3 50

PRINCIPAUX CHAPITRES DE LA BOTANIQUE POPULAIRE

Des végétaux en général.
Des tissus.
De l'épiderme et des pores.
De la tige.
De la racine.
Des tubercules et des bourgeon.

Des feuilles et des stipules.
Des organes accessoires.
De la fleur et de ses accessoires.
Du fruit.
De la graine.

Cactées (**Monographie de la famille des**); suivie d'un
Traité complet de culture et d'une table alphabétique de toutes
les espèces et variétés, par LABOURET. 1 vol. in-12 de 732 pages. . 7 50

Cet ouvrage a été couronné par la Société impériale d'horticulture.

Camellia; par l'abbé BERLÈSE. 3e édition, culture et description de
180 variétés nouvelles. 1 vol. in-8 de 340 pages. . . . . . . 5 »

Catalogue des arbres à fruits, cultivés dans les pépinières du
CHARTREUX de Paris, en 1775. 1 brochure in-18 de 82 pages, publié par
DE LIRON D'AIROLLES. . . . . 2 »

Catalogue raisonné des arbres fruitiers, cultivés chez JAMIN
et DURAND. 56 pages in-8. . . . . 1 50

Catalogue de André Leroy d'Angers. 1 vol. in-8 de 140 p. 1 »

Champignons et Truffes, par Jules Rémy. 1 vol. in-18 de 172 pages et 12 planches coloriées. . . . . 3 fr. 50

Champignons comestibles qui croissent en France à l'état sauvage. — Culture des champignons de couche. — Procédés de conservation des champignons comestibles. — Champignons vénéneux les plus communs. — Essais de multiplication artificielle de la truffe.

Chrysanthème (Culture du); par Lebois. 36 pages in-12. . . 0 75

Culture maraîchère dans le midi de la France, par Dumas. 1 vol. in-18 de 120 pages. . . . . 2 »

Encyclopédie horticole, par Carrière, chef des pépinières au Muséum. 1 vol. in-18 de 720 pages. . . . . 5 fr.

Entretiens familiers sur l'horticulture, par Carrière. 1 vol. in-12 de 384 pages. 3 50

Fécondation naturelle et artificielle des végétaux et d'hybridation, par Henri Lecoq, 1 vol. in-8 de 428 pages, et 106 grav. . . 7 50

Fécondation naturelle. — De l'espèce et de ses variations. — De la fécondation artificielle et des moyens de l'opérer. — Quelques considérations générales sur les hybrides.

Flore analytique de Toulouse et de ses environs; par Noulet. 2e édition. 1 vol. in-18 de 568 pages. . . . . 3 »

Flore élémentaire des Jardins et des Champs, avec des Clefs analytiques conduisant promptement à la détermination des Familles et des Genres, et un Vocabulaire des termes techniques; par Le Maout et Decaisne, de l'Institut, professeur de culture au Jardin des Plantes de Paris. 2 vol. petit in-8 de 940 pages. . . . . 9 »

Aucun livre semblable aussi complet n'a été publié jusqu'à ce jour. Il est indispensable à tous ceux qui, s'occupant de botanique et de jardinage, veulent donner à leurs études une bonne direction. C'est un livre élémentaire destiné aux maisons d'éducation, et c'est en même temps une vaste nomenclature de toutes les plantes. Grâce à ce livre, un horticulteur inexpérimenté peut déterminer rapidement la famille d'une plante quelconque. Le nom des auteurs, MM. Decaisne et le Maout, est une recommandation suffisante.

Flore de Belgique, par François Crépin. 1 vol. in-12 de 236 p. 5 »

Herbier général de l'amateur, contenant la description, l'histoire, les propriétés et la culture des végétaux utiles et agréables; par Ch. Lemaire, avec figures d'après nature, par Bessa. L'ouvrage complet, cinq vol. in-4, reliés contenant 337 figures coloriées des plantes nouvelles des jardins de l'Europe. . . . 215 »

Horticulture (Cours élémentaire d'); par Boncenne. 2e édition. 2 volumes in-18. . . . . 1 50

| PREMIÈRE ANNÉE : Organisation des végétaux, culture potagère, culture des fleurs. 1 vol. in-12 de 152 pages et 48 gravures. | DEUXIÈME ANNÉE : Organisation des végétaux ligneux, pépinières, multiplication, plantations, taille des arbres à fruits, culture de la vigne. 1 vol. in-12 de 160 pages et 34 gravures. |

Chacun de ces volumes est vendu séparément. 0 75

Horticulture (Encyclopédie d'); par Bixio et Ysabeau. 2ᵉ édition
1 vol. in-4 de 514 pages, avec 500 gravures. . . . . 9 »
Forme le Vᵉ volume de la *Maison Rustique*.

Indicateur horticole à l'usage des amateurs et des jardiniers, par Ro-
baux. Une brochure in-8. . . . . 1 »

Instruments de jardinage. Voir *Maison Rustique*, t. V.

Jardinage. Voir *Maison Rustique*, t. V.

Jardinier (Manuel complet du), par Louis Noisette. 4 vol. in-8
et un supplément formant ensemble 2710 pages et 25 planches. . 25 »

Jardinage pour tous (Traité de); par Boncenne. 2ᵉ édition.
1 vol. in-12 de 440 pages. 2 50

**Jardinier des fenêtres (Le) des appartements et des
petits jardins**, par J. Rémy. 1 v. in-18 de 300 p. et 52 gr. 4ᵉ éd. 3 50

PREMIÈRE PARTIE. — Fleurs et Fruits. — | DEUXIÈME PARTIE.—Aquarium et Poissons
Ustensiles. — Arrosage. — Rempotage. | —Les plantes et poissons dans l'aqua-
— Le jardin sur la fenêtre, sur la | rium.
terrasse. — Les petits jardins, arbres | TROISIÈME PARTIE. — Oiseaux d'appar-
et fleurs. — Le jardin chez soi, serre | tement. — La fenêtre double. — Vo-
portative. | lière associée à la serre-fenêtre.

Jardinier multiplicateur (Guide du); par Carrière. 1 vol. in-12
de 272 pages. 3 50

**Jardins (Traité de la composition et de l'ornementation
des)**. 6ᵉ édition. 2 vol. in-4 oblong avec 168 planches gravées. 25 »

Jardins fruitiers. Voir *Maison Rustique*, t. V.

Jardins paysagers. Voir *Maison Rustique*, t. V.

Légumes-Racines (Culture des), Betteraves, Carottes, Pommes de
terre, Radis, Topinambours. V. *Maison Rustique*, t. II, et *Bon Jardinier*.

Lis (Histoire et Culture du); par Thierry. 180 pages in-12. 1 50

Maison Rustique du 19ᵉ siècle. Voir p. 3.

Maison Rustique des Dames. Voir p. 21.

Maladies. Voir *Arbres fruitiers.* — Voir *Maison Rustique*, t. I et V.

Maladies organiques des arbres fruitiers, des causes et
des moyens de les prévenir; par Lahaye. Une br. in-8 de 44 pag. 1 50

Melon. Voir *Bibliothèque du Jardinier*, p. 23 et *Maison Rustique*, p. 3.

Melon (Monographie complète du), par Jacquin aîné. 1 vol.
in-8 de 200 pages et 53 planches coloriées. Prix. . . . . 7 »

Olivier (Taille de l') par Barles, professeur d'agriculture du département du Var. Une brochure in-8 de 48 pages. . . . . . 1 »

Orangerie. Voir *Maison Rustique*, t. V.

Orchidées (Culture des). Instructions sur leur récolte, expédition et mise en végétation, et liste descriptive de 550 espèces et variétés; par Morel, vice-président de la Société impériale d'horticulture. 1 v. 5 »

PRINCIPAUX CHAPITRES DE CET OUVRAGE.

Serres à Orchidées.
Chauffage, ombrage, aération.
Culture en pots.
— en paniers.
— sur bois.
Rempotage.

Mouillage.
Insectes nuisibles.
Multiplication.
Fécondation.
Floraison.

Pêchers en espaliers (Conduite et taille des), par Lachaume. 1 vol. in-18 de 212 pages et 40 gravures. . . . . 2 »

Pêcher (Culture du), par Pergy-Puyvallée, 2e édition. 1 volume in-18. . . . . 3 50

Pêches et Brugnons (Nomenclature des), par Carrère. 1 brochure in-18 de 68 pages. . . . . 1 fr.

Pépinières d'arbres fruitiers et d'ornement. Voir Maison Rustique, t. V, Bon Jardinier et Bibliothèque du Jardinier, p. 23.

Plantes, Arbres et Arbustes (Manuel général des). Description et culture de 25,000 plantes indigènes d'Europe ou cultivées dans les serres; par MM. Hérincq et Jacques, ex-jardinier en chef du domaine royal de Neuilly, pour les trois premiers volumes, et Duchartre, pour le quatrième volume. — 4 vol. petit in-8 à 2 colonnes. . . . . 36 »

C'est un recueil à la fois scientifique et pratique. La botanique et la culture ont été réunies dans cet ouvrage. Les espèces et les variétés anciennes et nouvelles y sont décrites avec la plus scrupuleuse exactitude, leur culture et leur entretien y sont traités avec le même soin. Ce livre convient également aux savants et aux praticiens.

Plantes de collections. Tulipes, Jacinthes, Renoncules, Œillets, Dahlias, Rosiers, Chrysanthèmes, Iris. Voir Maison Rustique, t. V.

Plantes d'ornement. Voir Maison Rustique, t. V, et Bon Jardinier.

Plantes de terre de bruyère. Rhododendrons, Azalées, Camellias, Bruyères, Ipacris, etc. par Ed. André. 1 vol. in-18 de 388 pages avec 30 gravures. 3 50

Plantes potagères à fruits comestibles. Melons, Cornichons, Citrouilles, Fraisiers, etc. Voir Maison Rustique, t. V.

Poiriers et Pommiers (Méthode élémentaire pour tailler et conduire les), par Lachaume. 1 v. in-18 de 285 p. et 46 gr. 2 50

Poiriers (Les) les plus précieux parmi ceux qui peuvent être cultivés à haute tige; par Liron-d'Airolles (de). 2e édit. 1 vol. in-8 avec pl. 2 »

Primevère. Voir Bibliothèque du Jardinier, p. 23.

Quarante poires pour les dix mois, de juillet à mai; par M. P. de M... 1 vol. in-8 de 128 pages avec figures. 3 50

Reine-Marguerite et ses variétés; par Bossin. In-12 de 48 pag.   0 50

Rosier. Voir *Bibliothèque du Jardinier*, p. 23.

Rosier (Prodrome de la Monographie du genre), par Tho-
ry. 1 volume in-12 de 190 pages. 1 25

Semis de fleurs (Instructions pour les) de pleine terre, la
formation et l'entretien des gazons; par Vilmorin. In-16. . . .   0 75

Serres (Art de construire et de gouverner les) par Neumann.
1 vol in-4 oblong renfermant 23 planches.. . . . .   7 »

Serres froides, chaudes, tempérées, humides. V. *Maison Rustique*, t. V.

Serres (Chauffage des); par Rafarin. 1 vol. in-8, 26 grav.   3 50

Serres et Orangeries de plein air, par Ch. Naudin, 32 pages
in-8. . . . .   0 75

Thermosiphon. Voir *Maison Rustique*, t. V, et *Serres (Chauffage des)*.

**Végétaux (Rôle de l'oxygène dans la respiration et la
vie des)**; par Edouard Robin. 60 pages in-8.. . . . .   1 50

Violette. Voir *Bibliothèque du Jardinier*, p. 23.

JOURNAUX. PUBLICATIONS PÉRIODIQUES.

JOURNAL
D'AGRICULTURE PRATIQUE

MONITEUR DES COMICES, DES PROPRIÉTAIRES ET DES FERMIERS

Fondé en 1837, par le Dr Bixio

Recueil périodique couronné par l'Académie des sciences en 1863, comme l'ouvrage ayant fait faire les plus grands progrès à l'agriculture française pendant les dix années précédentes.

PUBLIÉ DEPUIS 1850

SOUS LA DIRECTION DE M. BARRAL

MEMBRE DE LA SOCIÉTÉ CENTRALE D'AGRICULTURE DE FRANCE
ancien élève et répétiteur de chimie à l'École polytechnique,
membre des Sociétés d'Agriculture d'Alexandrie, Arras, Caen, Clermont, Dijon, Florence, Lille, Luxembourg, Lyon, Marseille, Meaux, Metz, Milan, Moscou, Munich, New-York, Pesaro Poitiers, Rouen, Roveredo, Spalato, Stockholm, Toulouse, Turin, Varsovie, Vienne (Autriche), etc.;

PAR MM.

BOUSSINGAULT, LÉONCE DE LAVERGNE, MONTAGNE, PAYEN, WOLOWSKI, membres de l'Institut;
DAILLY, DE DAMPIERRE, GAREAU, DE KERGORLAY, MOLL, ROBINET, YVART, membres de la Société centrale d'Agriculture;
AYLIES, VICTOR BORIE, BOULEY, DE CÉRIS, DELBET, DU BREUIL, D'ERLACH, JULES DUVAL, GAYOT, GIRARDIN (de Rouen);
DE GUAITA, JULES GUYOT, JAMET;
VICTOR LEFRANC, EUG. MARIE, MARTINS, MAUBACH, NAVILLE, NIVIÈRE, PERRS, RIDOLFI, RIEFFEL, RISLER, VIDALIN, VILLEROY, ETC.

Paraissant le 5 et le 20 de chaque mois, par livraisons de 64 pages

FORMANT TOUS LES ANS

DEUX BEAUX VOLUMES ENSEMBLE DE 1,400 PAGES

24 gravures coloriées et 150 belles gravures noires dans le texte

---

PRIX DE L'ABONNEMENT POUR LA FRANCE, L'ALGÉRIE ET LA CORSE

UN AN (Janvier à Décembre). . . . 19 fr.

PORT EN SUS POUR LES PAYS ÉTRANGERS

On souscrit en envoyant *au gérant du Journal*, rue Jacob, 26, le prix de l'abonnement, SOIT 19 FR. en un bon de poste dont on garde la souche, qui sert de quittance, ou en un mandat à vue sur Paris.

Le *Journal d'Agriculture pratique* a été entrepris après l'achèvement de la *Maison Rustique du 19ᵉ siècle*, avec la conviction que le public agricole ne ferait point défaut à un journal qui, s'abstenant de théories douteuses, obtiendrait la collaboration des agriculteurs les plus éminents, renfermerait dans un même cadre l'enseignement théorique et ses applications pratiques, et ne laisserait rien échapper de ce qui peut survenir en Europe de faits intéressants pour la culture.

Le succès a dépassé toute attente, car le *Journal* a bientôt constitué les véritables annales de l'agriculture, où les savants et les agriculteurs français et étrangers les plus considérables, MM. Arago, Biot, Boussingault, de Cavour, de Gasparin, Lefour, Moll, Payen, Puvis, Ridolfi, Villeroy, Vilmorin, Yvart, etc., sont venus déposer le fruit de leurs travaux et développer les règles certaines de la pratique la plus productive.

La *Maison Rustique du 19ᵉ siècle* avait recueilli tous les faits incontestés qui, au moment où elle a paru, formaient l'ensemble de nos connaissances agricoles.

Le *Journal* a décrit avec clarté les progrès accomplis depuis cette époque, et est ainsi devenu un recueil indispensable aux praticiens, aux propriétaires et à tous les agronomes. Tous ceux qui ont besoin de connaître les faits qui concernent soit l'agriculture proprement dite, soit l'élève du bétail, soit l'une des industries qui emploient comme matières premières les produits du sol ou de l'étable, viennent lui demander des enseignements utiles sur la direction à donner à toute exploitation. Le cultivateur, le fermier, le propriétaire, l'industriel, lisent avec fruit une publication où aucun fait économique n'est passé sous silence, où toute méthode, toute invention nouvelle est décrite avec soin et appréciée avec mesure.

Outre de nombreux articles ou mémoires sur toutes les questions que peuvent présenter la culture de toutes les plantes, l'élève du bétail, la construction des instruments aratoires, les industries annexées aux exploitations rurales, les irrigations, le drainage, etc., le *Journal d'Agriculture pratique* publie :

Tous les quinze jours :

1° Une *Chronique agricole*, rédigée par M. Barral, rapportant les faits nouveaux qui se sont produits dans le monde agricole ;

2° Une *Revue commerciale*, avec une *Table des prix des denrées agricoles*, par M. Georges Barral, où se trouve la seule mercuriale qui jusqu'à ce jour s'occupe des marchés de toutes les parties de la France et des principaux marchés étrangers.

3° Un *Bulletin forestier*, par M. Ferlet, contenant les renseignements les plus précis sur les mouvements du commerce des bois, des charbons, des houilles, etc., sur les adjudications des coupes, les changements dans le personnel de l'administration des eaux et forêts, etc.

4° Un *Compte-rendu* des séances de la Société impériale et centrale d'Agriculture de France, par M. Eugène MARIE.

Tous les mois :

1° Une *Revue bibliographique* des publications agricoles, rédigée, suivant leur spécialité, par les collaborateurs du Journal :

2° Une *Revue des travaux des Comices et des Sociétés agricoles françaises et étrangères* ; par Eug. MARIE, Maurice BLOCK et Eug. BISLER ;

3° Une *Revue de jurisprudence agricole*, par M. Victor LEFRANC et BOST ;

4° Une *Chronique agricole de l'Angleterre*, par M. DE LA TRÉHONNAIS (de Falmouth) ;

5° Une *Chronique agricole de la Belgique*, par M. Emile MAUCACH ;

6° Une *Revue météorologique agricole* du mois précédent, donnant les observations journalières de la température, de la pluie, du vent, etc., pour vingt points choisis sur la surface de la France, et indiquant exactement la situation des récoltes en terre et l'influence exercée sur les plantes par les circonstances météorologiques.

7° Une *partie officielle*, contenant les lois, décrets et réglements relatifs aux questions agricoles.

Tous les trois mois :

1° Une *Chronique séricicole*, où MM. ROBINET et Eugène ROBERT racontent les progrès de l'industrie de la soie ;

2° L'analyse des principaux *brevets d'invention* délivrés pour machines agricoles, engrais, systèmes d'irrigation, etc. ;

3° Une *Chronique vétérinaire*, où l'on fait connaître les moyens curatifs imaginés contre les maladies du bétail ;

4° Une *Chronique des courses*, due à M. Eugène GAYOT, qni s'attache à faire profiter l'agriculture des dépenses considérables faites par l'Etat pour l'amélioration de nos races ;

5° Une *Chronique forestière*, où M. DELBET présente le résumé des faits qui intéressent les propriétaires de forêts, les maîtres de forges et le commerce de bois et charbons ;

6° Une *Chronique agricole algérienne*, rédigée par M. Jules DUVAL dans le but de faire connaître à la France les efforts que fait l'agriculture naissante de nos possessions africaines.

7° Une *Chronique agricole des colonies*, par M. Jules DUVAL ;

Des articles spéciaux sont consacrés à tous les *Concours régionaux et généraux* d'animaux de boucherie ou reproducteurs. Les grandes expositions industrielles, les Concours des Sociétés d'Agriculture d'Angleterre et de Belgique, sont visités par des collaborateurs qui rendent compte de tous les faits importants qui s'y produisent.

De très belles et très-nombreuses gravures coloriées et noires représentent les animaux primés dans les concours, les nouvelles variétés de plantes, les instruments récemment inventés, les systèmes de culure, les plans des exploitations rurales les plus remarquables, etc.

———

Le *Journal d'Agriculture pratique* est la publication spéciale la plus répandue non-seulement dans toute l'Europe, mais encore dans les autres continents des deux mondes.

REVUE
HORTICOLE

JOURNAL D'HORTICULTURE PRATIQUE

FONDÉ EN 1829 PAR LES AUTEURS DU BON JARDINIER

PUBLIÉ SOUS LA DIRECTION DE M. BARRAL

DIRECTEUR DU JOURNAL D'AGRICULTURE PRATIQUE

Membre des Sociétés impériales et centrales d'Horticulture et d'Agriculture de France,
des Académies ou Sociétés agricoles ou horticoles de Luxembourg, Munich, New-York, Turin, Vienne, etc.

AVEC LE CONCOURS DE MM.

D'AIROLES, ANDRÉ, BONCENNE, CARRIÈRE, DU BREUIL,
DUPUIS, GRŒNLAND, HARDY, DE LAMBERTYE, LECOQ, LEMAIRE, MARTINS,
DE MORTILLET, NAUDIN, PÉPIN, VERLOT, ETC.

Paraît le 16 du mois en un cahier de 24 pages in-8, avec deux gravures coloriée
et de nombreuses gravures noires.

LA REVUE FORME TOUS LES ANS UN BEAU VOL. IN-8 DE 570 PAGES, 48 GRAVURES COLORIÉES
DE FLEURS ET DE FRUITS ET DE NOMBREUSES GRAVURES NOIRES

PRIX DE L'ABONNEMENT POUR LA FRANCE, L'ALGÉRIE ET LA CORSE

UN AN (Janvier à Décembre). . . 20 fr.

SIX MOIS. . . . . 10 fr. 50 cent.

Port en sus pour les Pays étrangers

On souscrit en envoyant *franco* au gérant de la *Revue*, rue Jacob, 26, le prix de
l'abonnement, soit 18 fr. en un bon de poste dont on garde la souche, qui sert de
quittance en un mandat à vue sur Paris.

La *Revue horticole*, fondée par les auteurs du *Bon Jardinier*, qui
ont voulu en faire le complément de cet ouvrage, contient l'application,
pour toutes sortes de plantes et dans toutes les circonstances possibles,
des principes qui sont développés dans cet important traité de culture.
Pour être au courant des progrès de la science et de la pratique horticoles, tant en France qu'à l'étranger, il est donc nécessaire de se procurer la dernière édition du *Bon Jardinier* et de recevoir la *Revue*

horticole, dont les 24 livraisons, publiées dans l'année, forment un beau volume de 750 pages in-8 avec 24 gravures coloriées et de nombreuses gravures noires.

Les plantes d'ornement sont aujourd'hui extrêmement nombreuses, et tous les jours elles tendent à se multiplier encore; leur distinction, soit générique, soit spécifique, fondée sur la connaissance de leurs caractères botaniques, forme une partie essentielle de la science du jardinier et de l'horticulteur. C'est dans le but de faciliter cette connaissance que la *Revue* décrit avec détail les espèces nouvelles les plus remarquables, et qu'elle donne, pour beaucoup d'entre elles, des figures dessinées avec soin, en même temps qu'elle fait connaître les procédés de leur culture.

Tous les nouveaux procédés de taille des arbres fruitiers sont figurés et décrits par des arboriculteurs; la culture maraîchère, la culture des légumes de primeur, sont l'objet d'études spéciales faites avec le plus grand soin, particulièrement dans les marais si remarquables des environs de Paris et dans ceux des principales villes du Nord ou du Midi. Enfin, la *Revue* donne le dessin, la description, le prix et l'appréciation raisonnée de tous les nouveaux instruments d'horticulture.

Partant de ce principe que les connaissances de tous doivent profiter à tous, la direction de la *Revue* ouvre ce Journal à quiconque veut bien lui adresser ses propres observations. Toutes celles de ces communications qui paraissent utiles sont publiées, en laissant à chacun la responsabilité des faits ou des idées qu'il énonce, le droit de discussion étant d'ailleurs réservé à tous les collaborateurs de la *Revue*.

La publication d'une nomenclature de plantes expérimentées par les abonnés de la *Revue* est une heureuse innovation qui peut servir à mettre les horticulteurs en garde contre les illusions des catalogues et éviter aux lecteurs de la *Revue* des dépenses inutiles et des déceptions fâcheuses.

Une chronique horticole et une revue commerciale tiennent le lecteur au courant de tous les faits qui se produisent soit au sein des sociétés d'horticulture, soit sur les marchés de légumes, de fruits, de fleurs, d'arbustes. Les solennités horticoles de Paris ou des départements y sont signalées, les meilleurs articles publiés dans les journaux horticoles étrangers y sont analysés. Tous les numéros contiennent en outre un compte rendu des séances de la Société centrale d'horticulture.

La *Revue horticole* est le seul journal d'horticulture qui s'occupe de toutes les parties de la France et se tienne, par la fréquence et la régularité de sa périodicité et par l'abondance de ses renseignements, au niveau du mouvement de l'horticulture.

TABLE ALPHABÉTIQUE DES NOMS D'AUTEURS

L'astérisque indique la répétition du nom de l'auteur dans la même page.

MONTEREAU. — IMPRIMERIE DE L. ZANOTE.

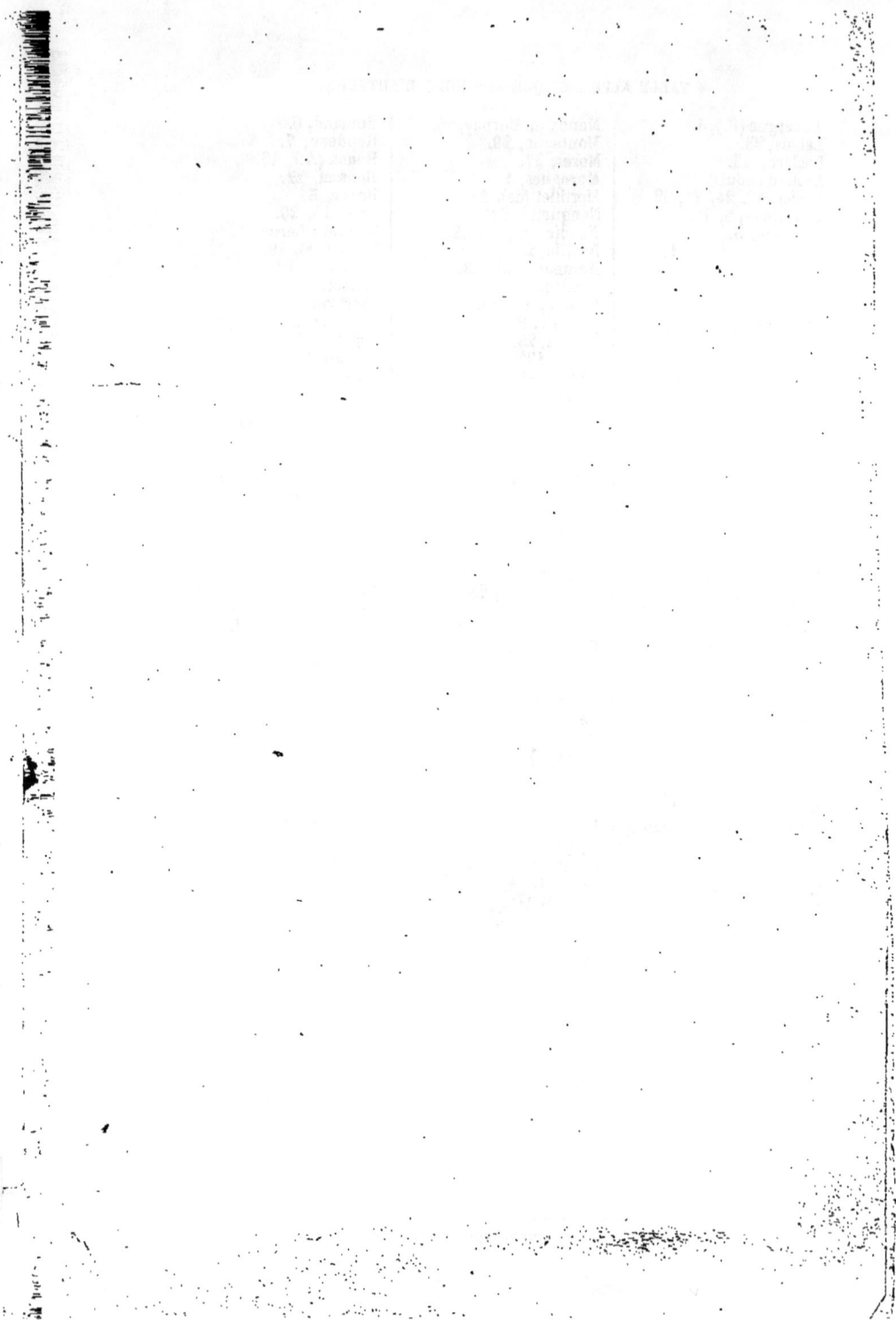

www.ingramcontent.com/pod-product-compliance
Lightning Source LLC
Chambersburg PA
CBHW060608210326
41519CB00014B/3601